ISW Forschung und Praxis

Berichte aus dem Institut für Steuerungstechnik
der Werkzeugmaschinen und Fertigungseinrichtungen
der Universität Stuttgart

Herausgeber: Prof. Dr.-Ing. G. Pritschow

Band 92

Werner Philipp

Regelung mechanisch steifer Direktantriebe für Werkzeugmaschinen

Springer-Verlag
Berlin Heidelberg GmbH 1992

D 93

Mit 70 Abbildungen

ISBN 978-3-540-55434-9 ISBN 978-3-662-09718-2 (eBook)
DOI 10.1007/978-3-662-09718-2

Ursprünglich erschienen bei Springer-Verlag Berlin Heidelberg New York 1992

Gesamtherstellung: Druckerei Kuhnle, Esslingen
62/3020-543210

Geleitwort des Herausgebers

In der Reihe „ ISW Forschung und Praxis“ wird fortlaufend über Forschungsergebnisse des Instituts für Steuerungstechnik der Werkzeugmaschinen und Fertigungseinrichtungen der Universität Stuttgart (ISW) berichtet, das sich in vielfältiger Form mit der Weiterentwicklung des Systems Werkzeugmaschine und anderer Fertigungseinrichtungen beschäftigt. Die Arbeiten dieses Instituts konzentrieren sich im besonderen auf die Bereiche Numerische Steuerungen, Prozeßrechnereinsatz in der Fertigung, Industrierobotertechnik sowie Meß-, Regel- und Antriebssysteme, also auf die aktuellsten Bereiche der Fertigungstechnik. Dabei stehen Grundlagenforschung und anwenderorientierte Entwicklung in einem stetigen Austausch, wodurch ein ständiger Technologietransfer zur Praxis sichergestellt wird.

Die Buchreihe erscheint in zwangloser Folge und stützt sich auf Berichte über abgeschlossene Forschungsarbeiten und Dissertationen. Sie soll dem Ingenieur bei der Weiterbildung dienen und ihm Hilfestellungen zur Lösung spezifischer Probleme geben. Für den Studierenden bietet sie eine Möglichkeit zur Wissensvertiefung. Sie bleibt damit unter erweitertem Namen und neuer Herausgeberschaft unverändert in der bewährten Konzeption, die ihr der Gründer des ISW, der leider allzu früh verstorbene Prof. Dr.-Ing. G. Stute, im Jahre 1972 gegeben hat.

Der Herausgeber dankt der Druckerei für die drucktechnische Betreuung und dem Springer-Verlag für Aufnahme der Reihe in sein Lieferprogramm.

G. Pritschow

Vorwort

Die vorliegende Arbeit entstand während meiner Tätigkeit als wissenschaftlicher Mitarbeiter am Institut für Steuerungstechnik der Werkzeugmaschinen und Fertigungseinrichtungen (ISW) der Universität Stuttgart.

Dem Direktor des Instituts, Herrn Professor Dr.-Ing. G. Pritschow gilt mein besonderer Dank für seine wohlwollende Unterstützung und Förderung der zu Grunde liegenden Forschungsarbeiten sowie für die Übernahme des Hauptberichts. Herrn Professor Dr.-Ing. A. Storr danke ich für die sorgfältige Durchsicht der Arbeit.

Für die Erstellung des Mitberichts danke ich herzlich Herrn Prof. Dr.-Ing. R. Lauber.

Weiterhin gilt mein Dank allen Mitarbeitern und Studenten am Institut, die in vielfältiger Weise zum Gelingen der Arbeit beigetragen haben. Insbesondere möchte ich mich hierfür bei Herrn Dipl.-Ing. W. Scholich, Herrn Dipl.-Ing. Ch. Fahrbach, Herrn Dipl.-Ing. J. Bretschneider und Frau cand. arch. B. Wachter bedanken.

ich möchte mich an dieser Stelle auch bei den Damen im technischen Büro, im Sekretariat und in der Bibliotek sowie bei den Herren der elektrischen und mechanischen Werkstatt für die gute Zusammenarbeit bedanken.

Werner Philipp

Inhaltsverzeichnis

Formelzeichen und Abkürzungen

Einige Formelzeichen und Abkürzungen, die nur an einer Stelle verwendet werden und dort erklärt sind, wurden nicht in dieses Verzeichnis aufgenommen.

Formelzeichen

$\underline{A}$, ($\underline{A}_n$)	Systemmatrix (des Nominalsystems)
$A(z)$	Nennerpolynom
a	Beschleunigung
$B^+(z)$, ($B^-(z)$)	Zählerpolynom mit inversstabilen (inversinstabilen) Nullstellen
$\underline{b}$	Steuervektor
c, (c_{dyn})	(dynamische) Laststeifigkeit
D	Dämpfung
$\underline{e}$	Störvektor
e_1	Schleppfehler
F, (F_{max})	(Maximal-) Kraft
$F_F(z)$	zeitdiskrete Führungsübertragungsfunktion des geschlossenen Regelkreises
F_s^*, F_s, (f_s)	(normierte) Störkraft
$F_s(z)$	Störübertragungsfunktion
F_R	Reibkraft
$F_{R,t}$	Kraftanteil trockener Reibung
$F_{R,v}$	Kraftanteil viskoser Reibung
$F_{R,\sigma}$	stochastischer Reibkraftanteil
$F_v(z)$	Führungsübertragungsfunktion der Vorsteuerung
$f_{g,A}$	Grenzfrequenz des Anti-Aliasing-Filters
H	komplexe Grenzkurve des Gebiets der "schönen Stabilität"
H_0	Halteglied 0-ter Ordnung
$\underline{h}$	Beobachterrückführvektor
h_i	Elemente des Beobachterrückführvektors $\underline{h}$
I	Strom

$\underline{K}$, ($\underline{k}$)	(normierter) Vektor der Rückführkoeffizienten des Zustandsreglers
K_a	Motorkonstante
K_p, (k_p)	(normierter) Reglerkoeffizient
K_i, (k_i)	Elemente des (normierten) Rückführungsvektors
K_s, (k_s)	(normierte) Streckenverstärkung
$K_{s,n}$	Streckenverstärkung des Nominalsystems
K_v, (k_v)	(normierte) Geschwindigkeitsverstärkung
k	momentan betrachteter Abtastzeitpunkt; Abkürzung für kT
$\underline{L}$	Hilfsmatrix für reduzierten Beobachter
m, (m_n)	Masse (des Nominalsystems)
$\underline{m}$	Hilfsvektor für reduzierten Beobachter
m_E, m_F	Eigen-, Fremdmasse
$\underline{n}$	Hilfsvektor für reduzierten Beobachter
P, (p)	(normierte) Leistung
P(z)	Polynom
p	komplexe Variable laplacetransformierter zeitkontinuierlicher Zeitfunktionen
p_i	Koeffizienten des Polynoms P(z)
P_q,(p_q)	(normierte) Rauschverlustleistung
Q_L	Quantisierung des Wegmeßsystems
q_L	Quantisierungsfehlersignal
r_v	Proportionalitätsfaktor für geschwindigkeitsproportionale Reibung
T	Abtastzeit
T_N	Nachstellzeit
T_R	Rechentotzeit
u	Stellgröße
u^-, ($\hat{u}^-$)	alte (beobachtete) Stellgröße
v, (v_B)	(Bahn-) Geschwindigkeit
$\hat{\underline{v}}$	Hilfsvektor für reduzierten Beobachter
w_1, w_2, w_3	Lage-, Geschwindigkeits-, Beschleunigungssollwert
$\underline{X}$, ($\underline{x}$)	(normierter) Zustandsvektor
x_1, $x_{1,m}$, x_2	(gemessener) Lage-, Geschwindigkeitsistwert

$\hat{x}_1$, $\hat{x}_2$	beobachteter Lage-, Geschwindigkeitsistwert
$\bar{x}_2$	aus Lage durch zeitdiskrete Differentiation ermittelte Geschwindigkeit
x_2^*	über Tachogenerator und Anti-Aliasing-Filter ermittelte Geschwindigkeit
z	komplexe Variable z-transformierter, zeitdiskreter Funktionen
z_B	Beobachterpol
Δ	Differenz
$\underline{\delta}$	Parametervektor
η	Parameterunsicherheit
θ	normierte Rechentotzeit
σ_L	Standardabweichung des Quantisierungsfehlersignals
σ_q	Standardabweichung der Stellgröße
σ_W	Kraftwelligkeit

Abkürzungen

DA	Direktantrieb
E/A	Ein-/Ausgabe
KR	Kaskadenregler
MR	Mikrorechner
NC	Numercial Control
RB1	Reduzierter Beobachter 1. Ordnung
RB2	Reduzierter Beobachter 2. Ordnung
RC	Robot Control
RS	Regelungsstruktur
P/PI	Proportional/Proportional-Integral
ZPETC	Zero Phase Error Tracking Control
VB2	Vollständiger Beobachter 2. Ordnung
ZR2	Zustandsregler 2. Ordnung
ZR3	Zustandsregler 3. Ordnung

Zur Vereinfachung der Darstellung für rotatorische und lineare Bewegungen werden die Begriffe für die lineare Bewegungsform verallgemeinert für beide Bewegungsformen verwendet. Es gelten folgende Analogien:

Masse	Trägheitsmoment
Kraft	Drehmoment
Beschleunigung	Winkelbeschleunigung
Geschwindigkeit	Winkelgeschwindigkeit
Lage	Winkel

1 Einleitung

1.1 Stand der Technik bei elektrischen Vorschubantrieben

Lagegeregelte Bewegungsachsen sind ein wesentlicher Bestandteil numerisch gesteuerter Fertigungseinrichtungen. Ihre statischen und dynamischen Eigenschaften bestimmen bei vorgegebenen Genauigkeitsanforderungen in starkem Maße die erreichbare Arbeitsgeschwindigkeit und somit die Produktivität der Anlage. Das fortwährende Streben nach weiteren Produktivitätserhöhungen stellt an die geregelten Bewegungsachsen ständig steigende Anforderungen bezüglich

- Positioniergenauigkeit,
- Bahngenauigkeit,
- Beschleunigungsvermögen,
- Verfahrgeschwindigkeit und
- statischer und dynamischer Laststeifigkeit.

In den letzten Jahren fand im Bereich der Servoantriebe ein erheblicher Innovationsschub statt, der zu einer maßgeblichen

- Vergrößerung der Regelbandbreite,
- Verbesserung der Leistungsdichte,
- Steigerung der Überlastbarkeit,
- Erhöhung des Beschleunigungsvermögens,
- Verringerung des Wartungsaufwands,
- Vereinfachung der Inbetriebnahme und
- Erweiterung der Diagnosefunktionen

führte /1, 2, 3/. Diese Entwicklungen wurden durch Fortschritte in anderen Teilbereichen möglich:

- Die Verfügbarkeit von schnellen Leistungstransistoren ermöglichte den Bau von Pulsumrichtern /4/, deren Eigenschaften die der zuvor eingesetzten Thyristorsteller bei weitem übertreffen.

- Die Entwicklung neuer Magnetwerkstoffe (Seltene Erden), deren Energiedichte die von AlNiCo- und Ferritmagneten um ein Vielfaches übersteigt, führte zum Bau von hochüberlastbaren Motoren mit erhöhter Leistungsdichte.

- Durch das Verwenden kostengünstiger und leistungsfähiger Mikroprozessoren sind die Entwicklung und Realisierung von Entkopplungsalgorithmen zum Betrieb von Asynchronmotoren vorangebracht worden. Damit können ähnliche dynamische Eigenschaften wie bei Gleichstrom- und Synchronmotoren erzielt werden.

- Der ständige Fortschritt auf dem Gebiet der Leistungs- und Signalelektronik war die Basis für den wirtschaftlichen Einsatz von Drehstrommotoren in Servoantrieben.

Die Verwendung von Mikrorechnern zur Ansteuerung und Regelung von Servomotoren ermöglicht - ohne nennenswerte Zusatzkosten - die gleichzeitige Realisierung

- einfacher Inbetriebnahme- und Parametriermöglichkeiten,
- komplexer Diagnosefunktionen und
- digitaler Kommunikation mit übergeordneten Steuerungen.

Zur Zeit werden vor allem Gleichstrom-, Synchron- und Asynchronmotoren in Servoantrieben eingesetzt, wobei der Anteil der bürstenlosen Motoren insbesondere im Bereich der Fertigungstechnik ständig zunimmt. Im Bereich kleiner Leistungen werden weiterhin vornehmlich Gleichstromantriebe verwendet. Innerhalb der Klasse der bürstenlosen Motoren nimmt der Anteil der Asynchronantriebe weiter zu. Ursache hierfür ist der kostengünstige Motor bei gleichzeitiger Abnahme der Kosten für die aufwendigere Ansteuerung.

Das Volumen und damit auch das Gewicht von Elektromotoren ist in erster Näherung proportional zum Drehmoment und unabhängig von der Drehzahl /5/. Mit steigender Drehzahl nimmt die Leistungsdichte zu und das Kosten/Leistungsverhältnis ab. Übliche Nenndrehzahlen von Servomotoren liegen bei etwa 3000 1/min. Bei höheren Drehzahlen steigen die Anforderungen an die Lagerung und die Bearbeitungsgüte der rotierenden Teile und somit die Herstellungskosten überproportional an. Gleiches gilt für die nachgeschalteten Getriebe.

Die von den Bewegungsachsen geforderten Geschwindigkeiten liegen bei rotatorischen Achsen meist deutlich unter 60 1/min und bei Linearachsen unter 30 m/min. Zur Anpassung der Motordrehzahlen und -drehmomente werden mechanische Übertragungsglieder eingesetzt. Bei rotatorischen Achsen werden in der Regel hochuntersetzende Getriebe verwendet. Bei Linearachsen ist zusätzlich eine Wandlung der Bewegungsform erforderlich. In den weitaus meisten Fällen wird hierzu eine Kugelumlaufspindel benutzt. Daneben kommen auch Systeme mit Zahnstangen und Zahnriemen zum Einsatz.

Die ständig steigenden Anforderungen an Bewegungsachsen können in vielen Fällen mit solchen - im folgenden als herkömmlich bezeichneten - Antrieben nicht mehr erfüllt werden /6, 7, 8/. Als begrenzende Elemente erweisen sich die mechanischen Übertragungsglieder mit ihren systembedingten Nachteilen wie

- zusätzliche Trägheitsmassen,
- Elastizitäten,
- Spiel und Reibungsumkehrspanne.

Die teilweise last- und positionsabhängige Elastizität der mechanischen Übertragungsglieder ergibt zusammen mit den angekoppelten Massen ein schwingungsfähiges System. Die daraus resultierenden mechanischen Eigenfrequenzen begrenzen die erreichbare Bandbreite des Regelkreises und somit die mögliche Regeldynamik und Laststeifigkeit.

Spiel und Reibungsumkehrspanne, die sich aus der Kombination von Elastizität und Haftreibung ergibt, begrenzen die erreichbare Positioniergenauigkeit und Regeldynamik.

Das wirksame Trägheitsmoment der Übertragungsglieder übersteigt in vielen Fällen das Trägheitsmoment des Motors und der angekoppelten Mechanik erheblich. Insbesondere bei geringen Fremdmassen wird das Beschleunigungsvermögen sehr stark durch diese Elemente begrenzt.

Bei Direktantrieben entfallen die mechanischen Übertragungsglieder und somit die oben beschriebenen begrenzenden Eigenschaften für die Regelgüte. Es ergibt sich ein spielfreier, trägheitsarmer und mechanisch steifer Antriebsstrang /3, 9/. Gegenüber herkömmlichen Antrieben lassen sich folgende Eigenschaften erzielen:

- höhere Positioniergenauigkeit, da kein Spiel und keine Umkehrspanne vorhanden sind,
- höhere Regelbandbreite, da keine bzw. wesentlich höhere mechanische Eigenfrequenzen existieren,
- extrem hohes Beschleunigungsvermögen bei geringen Fremdmassen und
- hohe Verfahrgeschwindigkeiten.

Durch den Verzicht auf die mechanischen Übertragungsglieder ergeben sich jedoch auch einige negative Eigenschaften:

- Es ist keine Drehzahl- und Momentenwandlung mehr möglich. Die Motoren müssen für entsprechend niedrige Drehzahlen und hohe Drehmomente ausgelegt werden. Es ergeben sich entsprechend große und schwere Motoren mit geringerer Leistungsdichte und schlechterem Wirkungsgrad. Für Linearbewegungen sind Linearmotoren erforderlich.

- Wegen des wesentlich geringeren Eigenträgheitsmomentes ergibt sich gegenüber herkömmlichen Antrieben bei gleicher Regelbandbreite eine erheblich höhere Empfindlichkeit gegenüber Störkräften.

- Schwankungen des Fremdträgheitsmomentes wirken sich als Parameterschwankung erheblich stärker auf den Antrieb aus.

- Die Kosten sind aufgrund geringer Stückzahlen noch relativ hoch.

- Der Entwicklungsstand elektrischer Direktantriebe bleibt im Vergleich zu konventionellen Antrieben weit zurück.

Der industrielle Einsatz von Direktantrieben im Bereich der Fertigungstechnik beschränkt sich aus diesen Gründen bisher auf die vereinzelte Verwendung in Meßmaschinen und einfachen Industrierobotern /10, 11, 12/.

Am Markt werden jedoch zunehmend lineare und rotatorische Direktantriebssysteme auf Basis von Gleichstrom-, Synchron- und Reluktanzmotoren angeboten /3/.

Bei rotatorischen Systemen werden vor allem aus Kostengründen häufig geregelte Reluktanzmotoren eingesetzt /10/. Das mit Abstand größte Einsatzgebiet für rotatorische Direktantriebe sind Roboter für den Montagebereich. Hierbei handelt es sich um vierachsige SCARA-Roboter mit Armlängen unter 1 m. Mit diesen Systemen werden im Vergleich zu herkömmlichen Robotern sehr hohe Wiederholgenauigkeiten und Bahngeschwindigkeiten erzielt. Die Laststeifigkeit und das Gleichlaufverhalten sind in vielen Fällen jedoch nicht zufriedenstellend.

Im Bereich der linearen Direktantriebe für Fertigungseinrichtungen sind hauptsächlich bürstenbehaftete Gleichstrommotoren und Synchronmotoren vertreten /11, 12/. Der Einsatz beschränkt sich bisher auf Anwendungen mit geringen Stückzahlen in Meß- und Laserbearbeitungsmaschinen.

Elektrische Direktantriebe werden zur Zeit praktisch nur in Bereichen eingesetzt, in denen eine hohe Präzision oder hohe Verfahrgeschwindigkeit gefordert ist und diese Eigenschaften mit herkömmlichen Antriebssystemen nicht oder nur mit sehr hohem Aufwand erreichbar sind.

Ein breiterer Einsatz war bisher aus folgenden Gründen ausgeschlossen:

- Die Laststeifigkeit und das Gleichlaufverhalten sind meist unbefriedigend. Der Einsatz bei Anwendungen, bei denen nennenswerte Reibungs- oder Lastkräfte auftraten, war problematisch.

- Die Kosten sind meist höher als bei herkömmlichen Antriebssystemen.

- Die bisher angebotenen Direktantriebe stammen fast ausschließlich von kleineren japanischen und amerikanischen Herstellern. Die erforderliche Kundennähe zu europäischen Maschinenherstellern ist nicht gegeben.

1.2 Zielsetzung und Aufgabenstellung

Ziel der Arbeit ist es, die wissenschaftlichen Grundlagen für den Einsatz von Direktantrieben in Fertigungseinrichtungen zu verbreitern.

Hierzu sind zunächst die Besonderheiten von elektrischen Direktantrieben im Vergleich zu herkömmlichen Antriebssystemen hervorzuheben. Ausgehend von der Vielzahl möglicher Ausführungsformen von Motoren für Direktantriebe und deren spezifischen Eigenschaften sollen mögliche Einsatzgebiete im Bereich der Fertigungstechnik umrissen werden. Ebenso sind die konstruktiven Möglichkeiten und Einschränkungen beim Einsatz von Direktantrieben darzustellen.

Neben der Bereitstellung hochdynamischer Antriebsmotoren und entsprechender Regeleinrichtungen ist die Verfügbarkeit geeigneter praxistauglicher Regelungsstrategien für den Einsatz von Direktantrieben in Fertigungseinrichtungen von ausschlaggebender Bedeutung. Ein wesentlicher Schwerpunkt der Arbeit ist daher die Untersuchung und Entwicklung geeigneter Regelungsstrategien.

Neben einer möglichst hohen Bandbreite des Lageregelkreises (Geschwindigkeitsverstärkung) sind eine ausreichende Laststeifigkeit sowie die Laufruhe von entscheidender Wichtigkeit. Der Einfluß der Abtast- und Rechentotzeit sowie der Meßsystemquantisierung und von Parameterschwankungen auf die erreichbare Regelgüte soll für mögliche Regelungsstrategien untersucht und gegenübergestellt werden. Weiterhin ist die Möglichkeit einer Reduzierung des Schleppabstands durch entsprechende Vorsteuerverfahren zu betrachten. Neben dem Verhalten auf Achsebene sind die Regelungsverfahren auch bezüglich ihres Bahnverhaltens zu bewerten.

Die Praxistauglichkeit von Direktantrieben in Fertigungseinrichtungen und die Richtigkeit der theoretischen Untersuchungen sollen exemplarisch anhand von praxisnahen Versuchsaufbauten nachgewiesen werden.

2 Klassifizierung und Eigenschaften von elektrischen Direktantrieben

2.1 Bauformen von elektrischen Direktantrieben

Die Motoren von rotatorischen Direktantrieben unterscheiden sich in ihrem Aufbau nicht von konventionellen schnellaufenden Motoren. Sie sind lediglich für hohe Drehmomente und niedrige Drehzahlen ausgelegt. Es können grundsätzlich die bekannten Funktionsprinzipien und Bauformen verwendet werden. Insbesondere bieten sich wegen ihrer Wartungsfreiheit Asynchron- und Synchronmotoren an. Synchronmotoren sowohl mit sinus- als auch blockförmiger Speisung haben gegenüber Asynchronmotoren eine etwas höhere Leistungsdichte und ein entsprechend niedrigeres Trägheitsmoment.

Linearmotoren werden in der Regel von rotatorischen Motoren durch fiktives Auftrennen und Abrollen des Motorquerschnitts abgeleitet. Hierbei sind eine Vielzahl von Ausführungsformen möglich (Bild 2.1). Abweichungen gegenüber dem Verhalten von rotatorischen Motoren können sich bei höheren Verfahrgeschwindigkeiten durch sogenannte Längsendeffekte /13, 14/ an den Motorenden ergeben. Daneben existieren Sonderformen, die nur für kurzhubige lineare Bewegungen geeignet sind /9, 15/.

Die beiden Elemente eines Linearmotors werden als Primär- und Sekundärteil bezeichnet. Für das Primärteil wird häufig in Analogie zum rotatorischen Motor der Begriff Stator verwendet. Um eine Relativbewegung zwischen Primär- und Sekundärteil zu ermöglichen, muß eines der beiden Elemente entsprechend verlängert werden. Man unterscheidet zwischen Lang- und Kurzstatormotor.

Beim Langstatormotor sind die Statorwicklungen über die gesamte Länge des Motors verteilt. Das kürzere Sekundärteil bedeckt nur einen kleinen Teil der Länge des Stators. Der Nachteil dieser Anordnung liegt darin, daß jeweils die gesamte

Statorwicklung stromdurchflossen ist, während nur ein kleiner Abschnitt der Statorwicklung vom Sekundärteil bedeckt ist und zur Krafterzeugung beiträgt. Die Verlustleistung steigt proportional zur Verfahrlänge an. Ebenso erhöhen die nicht vom Sekundärteil bedeckten Teile der Statorwicklung die Streuinduktivität, wodurch die Dynamik und die Maximalgeschwindigkeit des Antriebs stark eingeschränkt werden. Der Langstatormotor kommt daher als bürstenloser Servoantrieb nur bei geringen Verfahrwegen in Betracht.

Bei der Ausführung als Kurzstatormotor ist das Primärteil kürzer als das Sekundärteil. Der gesamte Stator ist an der Kraftbildung beteiligt. Die ohmschen Verluste und die Streuung liegen im gleichen Bereich wie bei vergleichbaren rotatorischen Motoren.

Bei Kurzstator-Synchronmotoren muß das Sekundärteil über die gesamte Verfahrlänge mit relativ teueren Permanentmagneten bestückt sein. Gegenüber einem vergleichbaren rotatorischen

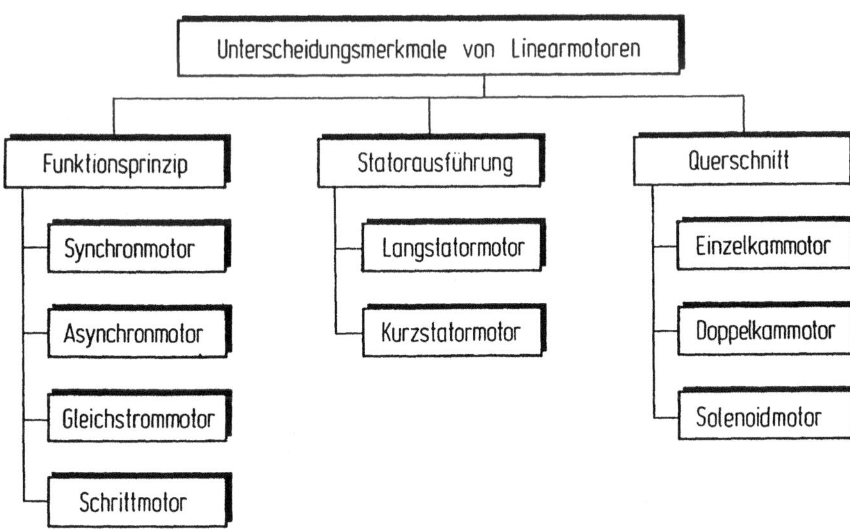

Bild 2.1: Unterscheidungsmerkmale von elektromagnetischen Linearmotoren

Motor ist daher ein Vielfaches an Magnetmaterial erforderlich. Bei Asynchronmotoren besteht das Sekundärteil nur aus Kupfer und Weicheisen. Die Kosten von Asynchronmotoren sind damit deutlich geringer als bei permanenterregten Motoren.

Linearmotoren können mit unterschiedlichen Motorquerschnitten ausgeführt werden. In Bild 2.2 sind die möglichen Querschnitte beispielhaft für Kurzstator-Asynchronmotoren dargestellt.

Der Einzelkammotor stellt den mechanisch einfachsten und damit kostengünstigsten Aufbau dar. Es ergeben sich erhebliche Anziehungskräfte zwischen Primär- und Sekundärteil, die von den Führungen aufgenommen werden müssen. Die Anziehungskräfte betragen ein Vielfaches der maximalen Vorschubkraft.

Beim Doppelkammotor sind vereinfachend ausgedrückt zwei Einzelkammotoren so gegeneinander angeordnet, daß sich die Anziehungskräfte gegenseitig aufheben und die Lagerung entlastet ist. Der Doppelkammotor besteht somit aus zwei Statorhälften und einem Sekundärteil. Im Sekundärteil entfällt bei entsprechender elektrischer Beschaltung der Primärteile der magnetische Rückschluß (Bild 2.2). Das Sekundärteil kann wesentlich dünner und damit auch leichter als beim Einzelkammotor ausgeführt werden. Bei feststehenden Primärteilen und einer begrenzten Länge des Sekundärteiles lassen sich mit dieser Anordnung deutlich höhere Beschleunigungswerte als mit einem Einzelkammotor erzielen. Die mögliche Verfahrlänge des Einzel- und des Doppelkammotors ist bei feststehendem Sekundärteil praktisch unbegrenzt.

Eine weitere Bauform ist der Solenoid- oder Röhrenmotor. Rotor und Stator haben einen zylindrischen bzw. hohlzylindrischen Querschnitt. Die Statorwicklungen verlaufen konzentrisch. Dadurch werden Wickelköpfe vermieden. Allerdings ist der Querschnitt, insbesondere bei kleinen Durchmessern, für den magnetischen Rückschluß im Innenzylinder eingeschränkt. Hinzu

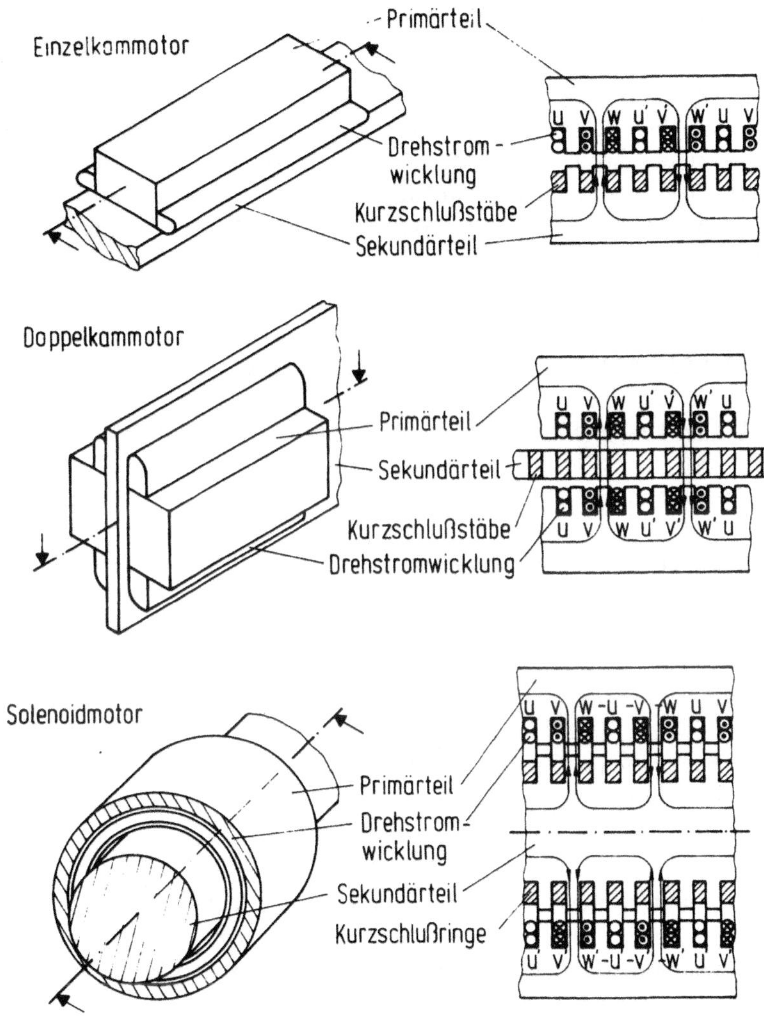

<u>Bild 2.2</u>: Bauarten von Kurzstator-Asynchronmotoren

kommen fertigungstechnische Nachteile. Der mögliche Verfahrweg ist eingeschränkt, da das Sekundärteil nur an den Stirnflächen befestigt werden kann.

Bei einem Großteil der Anwendungen, insbesondere bei größeren Verfahrwegen, bietet daher der Einzelkammotor mit feststehendem Sekundärteil die meisten Vorteile. Für kurzhubige Bewegungen mit sehr hohen Anforderungen an das Beschleunigungsvermögen stellt der Doppelkammotor mit feststehenden Primärteilen die optimale Bauform dar.

2.2 Anforderungen an Direktantriebssysteme

Damit Bewegungsachsen mit Direktantrieben auf einem breiten Gebiet mit herkömmlichen Antriebssystemen konkurrieren können, müssen folgende Anforderungen erfüllt werden:

- Die Kosten eines solchen Systems müssen im gleichen Bereich wie die eines herkömmlichen Systems liegen.

- Eine einfache Montage und Inbetriebnahme muß sichergestellt sein.

- Die technischen Eigenschaften müssen denen herkömmlicher Systeme gleichkommen und diese zumindest in Teilbereichen übertreffen.

Diese Forderungen sind am einfachsten mit Asynchronmotoren zu erfüllen. Sie bieten gegenüber Lösungen auf Basis von permanenterregten Motoren (Gleichstrom- und Synchronmotor) folgende Vorteile:

- Mit Asynchronmotoren läßt sich eine der von Synchron- oder Gleichstrommotoren vergleichbare Dynamik erreichen /16/. Der hierfür erforderliche höhere Steuerungsaufwand und die etwas höhere Umrichterleistung stellen heute aufgrund der anhaltenden Entwicklung auf dem Gebiet der Halbleitertechnik keinen wesentlichen Kostennachteil mehr dar.

- Motoren in Direktantrieben besitzen im Vergleich zu schnelllaufenden Motoren eine um ein Vielfaches größere Luftspaltfläche. Bei permanenterregten Motoren muß diese Fläche, bei Linearmotoren sogar der gesamte Verfahrweg, mit sehr teuren Permanentmagneten ausgelegt werden. Bei Verwendung von Asynchronmotoren wird dies vermieden, da das Sekundärteil nur aus Weicheisen und Kupfer besteht.

- Im stromlosen Zustand besitzen Asynchronmotoren keine Magnetkräfte. Dadurch wird der Zusammenbau der beiden Motorhälften, der in der Regel beim Anwender erfolgt, erheblich vereinfacht.

2.3 Einsatzgebiete von Direktantrieben

Beim Einsatz von Direktantrieben in Fertigungseinrichtungen muß dieser bereits zu einem sehr frühen Zeitpunkt beim Entwurf der Anlagen berücksichtigt werden. Anders als bei herkömmlichen Antriebssystemen muß der Motor in die Konstruktion integriert werden. Beispielsweise kann bei einer Linearachse auf eine getrennte Lagerung von Motor und Schlitten verzichtet werden.

Bei hochgenauen Maschinen, wie z.B. Schleifmaschinen, ist zu berücksichtigen, daß der Motor als wesentliche Wärmequelle direkt am Schlitten sitzt und eventuell gekühlt werden muß.

Durch das Fehlen von mechanischen Übertragungsgliedern entfällt mindestens ein freier Parameter bei der Antriebsauslegung. Es kann nur bedingt auf vorhandene Baureihen der Motorhersteller zurückgegriffen werden.

Ein besonderes Augenmerk muß auf die bewegten Massen gelegt werden. Die Eigenträgheitsmassen von Direktantrieben sind wesentlich geringer als die vergleichbarer herkömmlicher Antriebe. Das Beschleunigungsvermögen wird wesentlich stärker durch die Fremdträgheitsmassen bestimmt.

Insbesondere bei mehreren direkt angetriebenen Achsen ist auf eine Minimierung der bewegten Massen zu achten. Lange kinematische Ketten von Antrieben sind zu vermeiden, da sonst die erste Achse die Massen aller nachfolgenden Motoren bewegen muß. Durch eine günstige Wahl der Maschinenkinematik kann die von den Grundachsen zu bewegende Masse erheblich reduziert werden (siehe Abschnitt 7).

Aus obigen Ausführungen wird bereits deutlich, daß Direktantriebe nicht für alle Bewegungsaufgaben in Fertigungseinrichtungen geeignet sind. Die im Vergleich zu herkömmlichen Antrieben deutlich günstigeren Eigenschaften von Direktantrieben wie

- höhere erreichbare Beschleunigung,
- höhere erreichbare Verfahrgeschwindigkeiten,
- längere realisierbare Verfahrwege,
- höhere mechanische Eigenfrequenzen,
- höhere erreichbare Regeldynamik und
- erhöhte Positioniergenauigkeit

können in vollem Umfang nur genutzt werden, wenn die zu beschleunigenden Trägheitsmassen im Vergleich zur Eigenträgheitsmasse des Motors nicht zu groß sind und der Motor die angreifenden Gewichts-, Reibungs-, Stör- und Bearbeitungskräfte aufbringen kann. Diese Forderung ist in vielen Fällen aufgrund der geringen Kraftdichte von Elektromotoren unter der Randbedingung eines begrenzten Bauraums nicht erfüllbar. Die vom Motor erzeugbare Kraft hängt im wesentlichen von dessen Luftspaltfläche ab. Als Richtwert können etwa 50 kN/m^2 angesehen werden. Er variiert in Abhängigkeit von Parametern wie Motorgröße, Wicklungsart, Kühlung und Erregungsart.

Bei vertikalen Linearachsen ist in fast allen Fällen ein Ausgleich für die Gewichtskraft erforderlich. Bei herkömmlichen Spindelantrieben müssen die rotierenden Teile, die den wesentlichen Teil der Trägheit ausmachen, nicht gegen die Gewichtskraft beschleunigt werden. Dagegen werden bei vertikalen direkt angetriebenen Achsen ohne Gewichtsausgleich die gesamten bewegten Massen durch Gravitation belastet. Im Stillstand muß der zugehörige Linearmotor eine Kraft aufbringen, die der Erdbeschleunigung entspricht.

Die sich aus heutiger Sicht abzeichnenden Einsatzgebiete elektrischer Direktantriebe und die für den jeweiligen Einsatz wichtigsten Eigenschaften sind in Tabelle 2.1 dargestellt.

Direktantriebssysteme lassen sich durch das Verhältnis von Fremd- zu Eigenträgheitsmasse und die Art der angekoppelten Mechanik klassifizieren. Die möglichen Kombinationen sind in Tabelle 2.2 dargestellt.

	Genauigkeit	Regeldynamik	Geschwindigkeit	Beschleunigungsvermögen
Industrieroboter	•	•		
Laserbearbeitungsmaschinen		•	•	•
Textilmaschinen			•	•
Erodiermaschinen	•	•		•
Meßmaschinen	•			
Schleifmaschinen	•	•		
Unrundbearbeitungsmaschinen		•		•
Handhabungsgeräte			•	•

Tabelle 2.1 : Wichtige Eigenschaften elektrischer Direktantriebe bei verschiedenen Einsatzgebieten

	$m_F < m_E$	$m_F \approx 1..10 m_E$	$m_F >> m_E$
nachfolgende Mechanik starr	**Fall 1**	**Fall 2**	**Fall 3**
nachfolgende Mechanik schwingungs-fähig	**Fall 4**	**Fall 5**	**Fall 6**

Tabelle 2.2 : Klassifizierung von Direktantrieben

Fall 1

Die Fremdträgheitsmassen sind geringer als die Eigenträgheitsmasse des Motors. In diesem Fall kommen die Vorteile von Direktantrieben am stärksten zum Tragen. Durch die geringe Trägheitsmasse der nachfolgenden Mechanik ergibt sich gegenüber herkömmlichen Antriebssystemen ein um ein Vielfaches höheres Beschleunigungsvermögen. Es sind Beschleunigungswerte von weit über 100 m/s^2 möglich. Die geringen Trägheitsmassen führen zu einer hohen Empfindlichkeit gegenüber Störkräften. Die erreichbare Regelbandbreite wird nicht durch mechanische Eigenschwingungen begrenzt. Beispiele für diese Klasse von Antriebsaufgaben sind schnelle Zustellachsen zur Unrundbearbeitung (vgl. Abs. 7.1.2).

Fall 2

Die zu bewegenden Fremdträgheitsmassen liegen in der gleichen Größenordnung wie die Eigenträgheitsmasse. Es sind höhere Beschleunigungswerte als mit herkömmlichen Antriebssystemen erreichbar (bis ca. 50 m/s^2). Durch das Fehlen von Nichtlinearitäten und mechanischen Eigenfrequenzen sind wesentlich höhere Regelbandbreiten als bei herkömmlichen Antriebssystemen realisierbar. Beispiele für diese Klasse von Antriebsaufgaben sind mehrachsige Maschinen mit gekoppelten Achsen /17/.

Fall 3

Die zu bewegenden Massen sind wesentlich größer als die Trägheitsmasse des Motors. Die angekoppelte Mechanik ist jedoch nicht schwingungsfähig. Die erreichbaren Beschleunigungswerte liegen nicht mehr über denen von herkömmlichen Antrieben. Allerdings entfallen gegenüber herkömmlichen Antriebssystemen mechanische Eigenfrequenzen und Reibungsumkehrspannen. Die erreichbare Regelbandbreite wird nicht durch die mechanischen Eigenfrequenzen begrenzt. Es ergibt sich eine höhere Regelbandbreite und damit eine höhere Bahngenauigkeit und Laststeifigkeit. Die Empfindlichkeit gegenüber Störkräften ist nicht wesentlich höher als bei herkömmlichen Antriebssystemen. Als Beispiele können Meß- und Schleifmaschinen, sowie Maschinen zur Präzisionsbearbeitung angeführt werden.

Fall 4 und 5

Diese Fälle treten bei sinnvoll konstruierten Antriebssystemen nicht auf.

Fall 6

Im Vergleich zu Fall 3 ist die Mechanik schwingungsfähig. Durch den Einsatz von Direktantriebe können die mechanischen Eigenfrequenzen nicht vermieden, jedoch in den meisten Fällen deutlich erhöht werden, da die wesentlichen Nachgiebigkeiten der mechanischen Übertragungsglieder entfallen. Die erreichbare Regelbandbreite und damit die Bahngenauigkeit und das Störverhalten können verbessert werden. Ein Beispiel hierfür sind Industrieroboter /5, 18, 19/.

Die nachfolgenden Ausführungen beschränken sich auf die Fälle 1..3, also auf mechanisch steife Antriebssysteme.

3 Zeitverhalten der Regelstrecke von direkt angetriebenen, mechanisch steifen Bewegungsachsen

Voraussetzung für die analytische und simulative Untersuchung und Auslegung von Regelungsstrukturen und deren Praxistauglichkeit sind möglichst exakte Modelle der Regelstrecke oder zumindest die Kenntnis von Modellabweichungen bzw. Modellvereinfachungen.

Modelle von Direktantrieben zeichnen sich durch eine im Vergleich zu herkömmlichen Antriebssystemen extrem hohe Genauigkeit aus /20/. Nichtlinearitäten wie Spiel und lastabhängige Steifigkeit entfallen.

Der Einsatz moderner Transistorpulsumrichter mit leistungsfähigen Stromregelstrategien /4, 21/ sowie Verfahren zur feldorientierten Regelung von Drehstrommotoren /16/ ermöglicht ein nahezu verzögerungsfreies Stellen des Motordrehmoments bzw. der Motorkraft. Bild 3.1 zeigt das detaillierte Modell eines

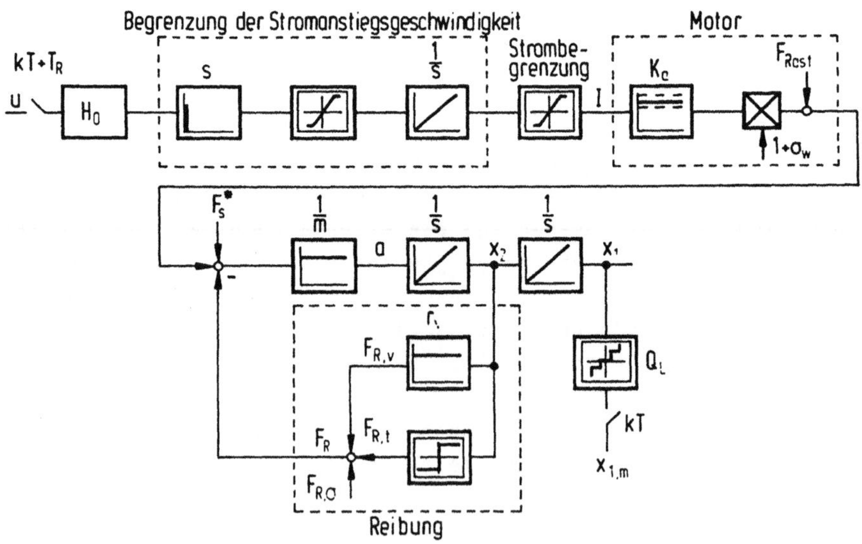

Bild 3.1 : Detailliertes Modell eines elektrischen Direktantriebs

elektrischen Direktantriebs unter Einbeziehung des Regelungsrechners und des Lagemeßsystems. Die Rechentotzeit, die bei der Berechnung des Regelalgorithmus' entsteht, bewirkt eine gegenüber dem Abtasttakt verzögerte Ausgabe des Stellsignals. Zur Rechentotzeit zählen hier auch Signallaufzeiten zwischen Regelungsrechner und Pulsumrichter.

Aufgrund der endlichen Zwischenkreisspannung und der Stromgrenze des Transistorstellers ergibt sich eine Begrenzung des Stroms und dessen Anstiegsgeschwindigkeit bzw. der Beschleunigung und des Rucks.

Moderne NC- und RC-Steuerungen ermöglichen eine Begrenzung der zum vorgegebenen Lagesollwertverlauf gehörenden Beschleunigung und deren zeitlicher Ableitung. Dadurch kann sichergestellt werden, daß der Antrieb seine Stellgrenzen nicht überschreitet. Die Stellgrenzen müssen daher bei der Reglerauslegung nicht berücksichtigt werden.

Die vom Motor abgegebene Kraft ergibt sich über die Motorkonstante K_a aus dem Strom I. Hinzu kommen, insbesondere bei permanent erregten Motoren, Rastkräfte. Bedingt durch die Nutung ergibt sich eine Kraftwelligkeit σ_w, die sich bei der Modellvereinfachung (Bild 3.2) in einer Parameterunsicherheit der Streckenverstärkung K_s niederschlägt.

$$K_s = K_a \,/\, m \qquad (3.1)$$

Die auf den Antrieb wirkenden Reibkräfte setzen sich aus trockener und viskoser Reibung, sowie aus deterministisch nicht beschreibbaren Anteilen zusammen. Der viskose Reibanteil der bei Direktantrieben fast ausschließlich eingesetzten Wälzführungen ist sehr gering. Bei der Vereinfachung des Modells werden daher sämtliche Reib- und Rastkräfte in der Störkraft F_s zusammengefaßt.

$$F_s = F_s^* + F_{R,\sigma} + F_{R,v} + F_{R,t} \qquad (3.2)$$

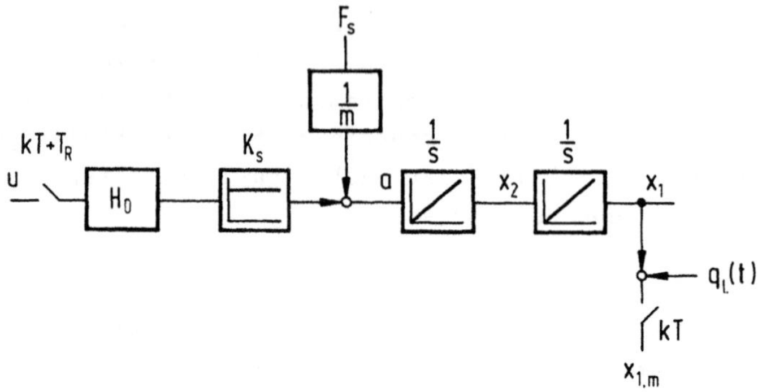

Bild 3.2 : Vereinfachtes Modell eines elektrischen Direktantriebs

Die Position des Antriebs wird über ein inkrementelles Lagemeßsystem praktisch verzögerungsfrei in digitaler Form erfaßt. Die Quantisierung Q_L wird im vereinfachten Modell durch das Quantisierungsfehlersignal $q_L(t)$ berücksichtigt /22/.

Aus dem Modell nach Bild 3.2 resultiert unter Vernachlässigung der Rechentotzeit folgende zeitkontinuierliche Zustandsdarstellung:

$$\dot{\underline{X}}(t) = \begin{pmatrix} 0 & 1 \\ 0 & 0 \end{pmatrix} \underline{X}(t) + \begin{pmatrix} 0 \\ K_s \end{pmatrix} I(t) + \begin{pmatrix} 0 \\ 1/m \end{pmatrix} F_s(t) \qquad (3.3)$$

Der Übergang zur zeitdiskreten Darstellung

$$\underline{X}(k+1) = \underline{\underline{A}}\underline{x}(k) + \underline{b}I(k) + \underline{e}F_s(k) \qquad (3.4)$$

liefert

$$\underline{X}(k+1) = \begin{pmatrix} 1 & T \\ 0 & 1 \end{pmatrix} \underline{X}(k) + \begin{pmatrix} 0{,}5T^2 \\ T \end{pmatrix} K_s I(k) + \begin{pmatrix} 0{,}5T^2/m \\ T/m \end{pmatrix} F_s(k). \qquad (3.5)$$

mit der Normierung

$$x_1=X_1;\; x_2=X_2T;\; u=IT^2K_s;\; f_s=F_s/m;\; k_s=K_s/K_{s,n} \qquad (3.6)$$

ergibt sich

$$\underline{x}(k+1) = \begin{pmatrix} 1 & 1 \\ 0 & 1 \end{pmatrix} \underline{x}(k) + \begin{pmatrix} 0,5k_s \\ k_s \end{pmatrix} u(k) + \begin{pmatrix} 0,5 \\ 1 \end{pmatrix} f_s(k) \,. \qquad (3.7)$$

Die in den meisten Arbeiten /25, 26, 27, 29, 32/ vernachlässigte Rechentotzeit T_R kann für $T_R < T$ durch Einführung des vorangegangenen Wertes u^- der Stellgröße u in der zeitdiskreten Darstellung berücksichtigt werden /23/.

$$\underline{x}(k+1) = \begin{pmatrix} 1 & 1 & a_{13} \\ 0 & 1 & k_s\theta \\ 0 & 0 & 0 \end{pmatrix} \underline{x}(k) + \begin{pmatrix} 0,5(1-\theta)^2k_s \\ (1-\theta)k_s \\ 1 \end{pmatrix} u(k) + \begin{pmatrix} 0,5 \\ 1 \\ 0 \end{pmatrix} f_s(k)$$

$$\text{mit } \theta = T_R/T;\; a_{13} = k_s(\theta-0,5\theta^2);\; \underline{x}^T = (x_1;\; x_2;\; u^-). \qquad (3.8)$$

Aus dem Regelgesetz

$$I(k) = -\underline{K}^T\underline{X}(k) + K_1W_1(k) \qquad (3.9a)$$

ergibt sich mit dieser Normierung

$$u(k) = -\underline{k}^T\underline{x}(k) + k_1w_1(k) \quad \text{mit} \quad k_1 = K_1T^2;\; k_2 = K_2T;\; k_3 = K_3. \qquad (3.9b)$$

Damit ist die Abtastzeit T in der Regelstrecke und im Regler substituiert und tritt hier explizit nicht mehr auf. Als einzige Parameter der Regelstrecke verbleiben die normierte Rechentotzeit θ und die normierte Streckenverstärkung k_s.

Die Rechentotzeit kann rechnerintern sehr einfach ermittelt werden. Auch kann durch geeignete programmtechnische Maßnahmen die Rechentotzeit exakt eingestellt werden. Die Rechentotzeit liegt in der Regel in der Größenordnung von

$$\theta = 0{,}25 \ . \tag{3.10}$$

In die Streckenverstärkung k_s geht bei der praktischen Realisierung

- die Motorkonstante k_a,
- die Trägheitsmasse m,
- der Verstärkungsfaktor des Stromstellers k_u und
- der Verstärkungsfaktor der D/A-Wandler k_{DA}

ein:

$$k_s = \frac{k_a \, k_u \, k_{DA}}{m} \tag{3.11}$$

Die Streckenverstärkung k_s wird bei der Inbetriebnahme, falls ein analytischer Reglerentwurf durchgeführt wird, durch Hochlaufversuche oder andere Identifikationsverfahren bestimmt. Zu den hierbei auftretenden Fehlern kommen weitere Parameterunsicherheiten hinzu. Die Faktoren k_u, k_a und k_{DA} unterliegen Alterungstoleranzen, Temperaturabhängigkeiten und Linearitätsfehlern. Bei der Motorkonstanten k_a kommt die durch die Kraftwelligkeit hervorgerufene Schwankungsbreite hinzu. Die Trägheitsmasse m unterliegt im Betrieb durch wechselnde Werkzeuge bzw. Werkstücke ebenfalls gewissen Schwankungen.

In einer Vielzahl von Anwendungen kann von einer Parameterunsicherheit im Bereich von

$$k_s = [0{,}8 \ \ldots \ 1{,}25] \tag{3.12}$$

ausgegangen werden /24/.

4 Untersuchung von zeitdiskreten Lageregelstrukturen für mechanisch steife Direktantriebe

Bei der Synthese von Lageregelungssystemen sind eine Reihe von Einflußfaktoren zu berücksichtigen. Im folgenden wird der Einfluß

- der Abtastzeit,
- der Rechentotzeit,
- der Art der Geschwindigkeitsermittlung,
- der Meßsystemauflösung sowie
- von Parameterunsicherheiten

auf die erreichbare Geschwindigkeitsverstärkung, Laststeifigkeit und Laufruhe für eine Reihe von möglichen Regelungsstrukturen untersucht.

Bei der Reglersynthese ist nicht nur das Führungsübertragungsverhalten mit einer möglichst hohen Geschwindigkeitsverstärkung von Interesse. Eine ausreichende Laststeifigkeit gegenüber Bearbeitungs- und Reibkräften ist für ein befriedigendes Bahnverhalten von gleicher Wichtigkeit. Darüber hinaus sind Eigenschaften wie Laufruhe, Geräusch- und Wärmeentwicklung von ausschlaggebender Bedeutung.

4.1 Entwurfsverfahren

Der Entwurf der Regelungen wird üblicherweise immer unter der Annahme durchgeführt, daß das zugrunde gelegte mathematische Modell der Regelstrecke eine exakte Beschreibung des realen Systems darstellt. Da diese Annahme in der Praxis nicht vollständig erfüllt werden kann, d.h. das Modell sowohl Parameter- als auch Strukturfehler aufweist, führt die praktische Erprobung des Regelkreises häufig zu großen Abweichungen des dynamischen Verhaltens gegenüber der idealisierten Regelung. Hier versagen die bekannten Standard-Entwurfsverfahren, da diese keine Möglichkeit aufweisen, neben der Beeinflussung der Regelkreisdynamik auch Modellfehler zu berücksichtigen. In der Vergangenheit wurden eine Vielzahl von Entwurfsmethoden entwickelt, die dieser Problematik Rechnung tragen /25, 26 ,27/. Für den Entwurf von robusten Regelungssystemen im Bereich der Fertigungstechnik ist das von J. Ackermann entwickelte Parameterraumverfahren /28, 29/ besonders geeignet.

Dieses Verfahren benutzt eine spezielle Systemeigenschaft, die "Schöne Stabilität" zum Entwurf robuster Systeme. Die "Schöne Stabilität" wird durch einen vorgegebenen Bereich in der Eigenwertebene eines diskreten Regelsystems beschrieben, der trotz Störungen als Folge von Parameterschwankungen nicht verlassen wird. Als Ergebnis dieses Verfahrens erhält man keine Einzellösungen, sondern ganze Lösungsgebiete, die mit Hilfe weiterer, auf den jeweiligen Anwendungsfall zurecht geschnittener Bedingungen weiter eingegrenzt werden können.

Ausgangspunkt für den Reglerentwurf ist das diskrete Modell der Regelstrecke in Form einer Zustandsdifferenzengleichung

$$\underline{x}(k+1) = \underline{A}(\underline{\delta})\underline{x}(k) + \underline{b}(\underline{\delta})u(k). \qquad (4.1)$$

Die Zustandsmatrix $\underline{A}$ und der Steuervektor $\underline{b}$ hängen von einem physikalischen Parametervektor $\underline{\delta}$ ab, wobei für den Entwurf sowohl die exakten Parameterwerte als auch ihre Schwankungsbreiten als bekannt vorausgesetzt werden, so daß sich neben dem Nominalsystem noch Systeme extremer Parameterabweichungen angeben lassen:

$$\underline{A}_\nu = A(\underline{\delta}_\nu),\ \underline{b}_\nu = \underline{b}(\underline{\delta}_\nu); \qquad \nu = 1, 2, \dots, J. \qquad (4.2)$$

Der Regler kann die Struktur einer Zustandsvektor-Rückführung aufweisen:

$$u(k) = -\underline{k}^T \underline{x}(k). \tag{4.3}$$

Einige Elemente von $\underline{k}$ können Null sein, falls bestimmte Zustandsgrößen nicht zurückgeführt werden können oder sollen. Die verbleibenden Elemente von $\underline{k}$ sind die freien Entwurfsparameter und bilden die Koordinaten eines Parameterraumes K, in welchem der eigentliche Entwurf erfolgt. Das Problem ist nun, die freien Parameter in K so zu wählen, daß alle Wurzeln von

$$\prod_{\nu=1}^{J} \det (z\underline{I} - \underline{A}_\nu + \underline{b}_\nu \, \underline{k}^T) = 0 \tag{4.4}$$

in einem noch näher zu bestimmenden Polgebiet in der z-Ebene liegen. Dazu werden die Grenzkurven dieses Polgebietes in den n-dimensionalen Lösungskörper im K-Raum abgebildet. Dieser ist abhängig vom jeweils gewählten Parametersatz $\underline{\delta}$ der Regelstrecke. Die Schnittmenge aller Lösungskörper bildet das eigentliche Lösungsgebiet der Rückführkoeffizienten, innerhalb dessen die Pole des geschlossenen Regelkreises die vorgeschriebenen Grenzkurven in der z-Ebene nicht verlassen.

Durch die im Bereich der Fertigungstechnik wichtigen Zusatzbedingungen einer möglichst hohen Geschwindigkeitsverstärkung K_v ergibt sich jeweils eine eindeutige Lösung. Die Geschwindigkeitsverstärkung berechnet sich für die vorliegende Regelstrecke (Bild 3.2) nach folgender Beziehung:

$$K_v = K_1/K_2 \tag{4.5a}$$

bzw. normiert

$$k_v = k_1/k_2 \tag{4.5b}$$

Mit Hilfe eines Rechnerprogrammes mit graphischer Ausgabe /19/ kann mit diesem Verfahren auf einfache Weise ein Regler ausgelegt werden.

Wahl des Polgebietes

Zur Erzielung eines befriedigenden dynamischen Verhaltens durch den robusten Regler ist die erste Voraussetzung für die Gestalt des Polgebietes, daß alle Eigenwerte des Regelkreises eine vorgeschriebene Minimaldämpfung nicht unterschreiten.

Als günstiges Polgebiet für die "Schöne Stabilität" in der z-Ebene ergibt sich für Antriebssysteme /29/ das durch die logarithmische Spirale

$$H(\Phi) = e^{-\Phi D/\sqrt{1 - D^2}} \cdot e^{\pm j\Phi} \qquad \text{mit } D = \sqrt{2}/2 \approx 0,7 \quad \Phi = [0 \ldots \pi] \qquad (4.6)$$

eingeschlossene Polgebiet. Dadurch ist ein Mindestwert für die relative Dämpfung von 0,7 für alle Pole sichergestellt. Bild 4.1 zeigt die Grenzkurve $H(\Phi)$ mit konstanter relativer Dämpfung in der z-Ebene.

Für die Regelstrecke nach Gl. 3.8 ($\theta = 0,25$) und den Rückführvektor

$$\underline{k}^T = (k_1, k_2, 0) \qquad (4.7)$$

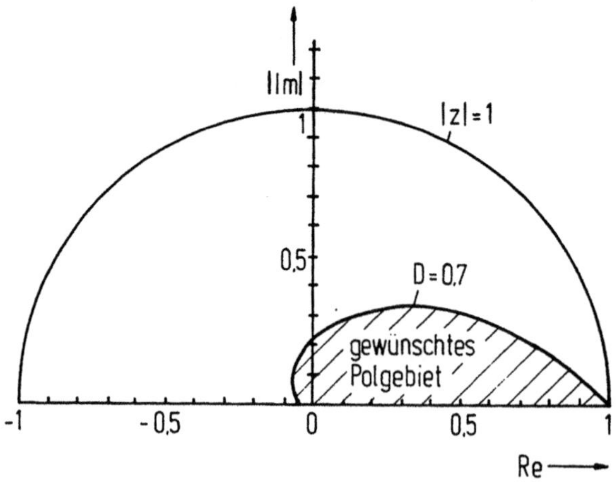

Bild 4.1 : Komplexe Grenzkurve konstanter relativer Dämpfung

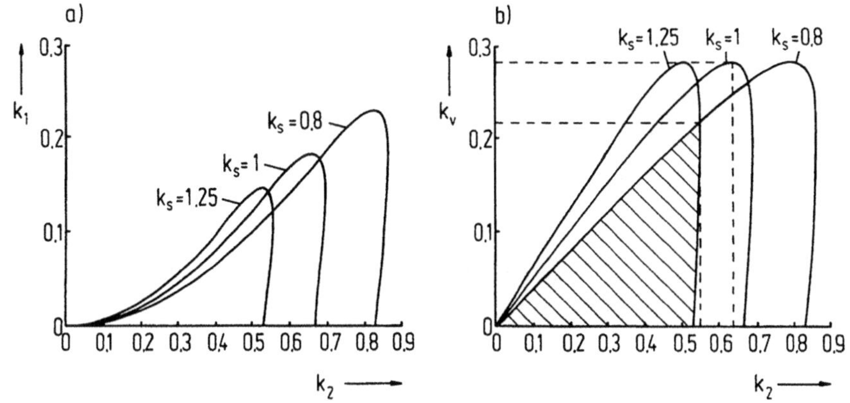

Bild 4.2 : Lösungsgebiet bei robuster Reglerauslegung nach dem Parameterraumverfahren

ergeben sich die in Bild 4.2a dargestellten Lösungsgebiete. Dabei sind für die Parameterunsicherheit die Extremwerte nach Gl. 3.12 zugrunde gelegt. Durch die Normierung der Ordinate auf

$$k_v = k_1/k_2 \tag{4.8}$$

kann direkt die maximal erreichbare Geschwindigkeitsverstärkung abgelesen werden Bild 4.2b. Während für das Nominalsystem die erreichbare Geschwindigkeitsverstärkung k_v=0,283 beträgt, kann bei Parameterunsicherheit nur eine maximale Geschwindigkeitsverstärkung von k_v=0,215 erzielt werden.

Bei den nachfolgenden Untersuchungen wird grundsätzlich dieses Entwurfsverfahren mit dem Polgebiet nach Bild 4.1 zugrunde gelegt.

4.2 Einfluß von Abtast- und Rechentotzeit

Zunächst wird angenommen, daß die Lage und die Geschwindigkeit ideal meßbar sind (Bild 4.3) und daß keine Parameterschwankungen auftreten.

Die erreichbare Abtast- und Rechentotzeit wird von der Leistungsfähigkeit und dem Aufgabenumfang des eingesetzten Regelungsrechners bestimmt. Diese Größen können nicht beliebig verkleinert werden.

Zwischen der nicht normierten Geschwindigkeitsverstärkung K_v und der normierten Geschwindigkeitsverstärkung k_v gilt für die vorgegebene Strecke ein direkter Zusammenhang mit der Abtastzeit T (Gl. 3.9b):

$$k_v = K_v \, T = \text{konst.} \tag{4.9}$$

Üblicherweise wird beim Entwurf digitaler Regelkreise der Einfluß der Rechentotzeit vernachlässigt. Daraus resultiert ein erheblicher Strukturfehler des beim Entwurf zugrunde liegenden Modells der Regelstrecke. Die tatsächlich erreichbare Regelgüte ist erheblich schlechter als beim idealisierten Entwurf errechnet.

<u>Bild 4.4</u> zeigt die tatsächlich erreichbare Geschwindigkeitsverstärkung k_v abhängig von der normierten Rechentotzeit

$$\theta = T_R/T. \tag{4.10}$$

Es wird von folgendem Rückführvektor ausgegangen:

$$k^T = (k_1;\ k_2;\ 0) = (k_v k_2;\ k_2;0). \tag{4.11}$$

Dies entspricht einem Zustandsregler 2. Ordnung bzw. einem klassischen P/P-Kaskadenregler, bestehend aus P-Lage- und P-Geschwindigkeitsregler.

Es ergibt sich für $\theta = 0$ eine normierte Geschwindigkeitsverstärkung von $k_{v,max} = 0{,}733$. Dies entspricht bei einer Abtastzeit von T = 1 ms einer Geschwindigkeitsverstärkung von $K_{v,max} = 733$ 1/s. Eine übliche Rechentotzeit von einem Viertel der

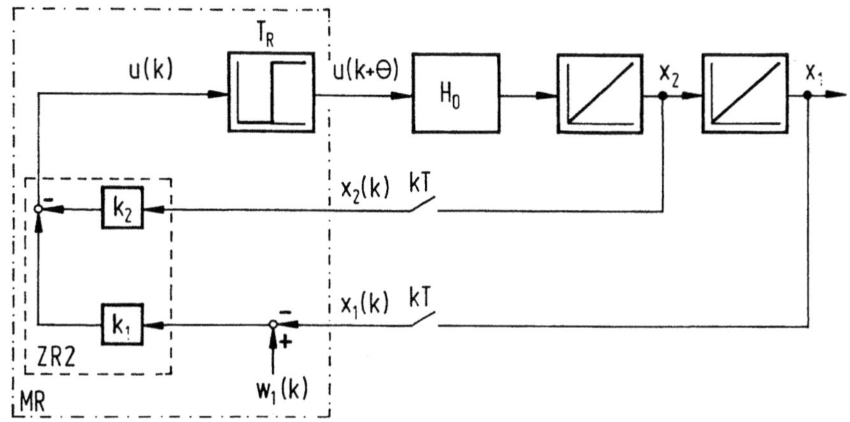

Bild 4.3 : Blockschaltbild der idealisierten Regelung 2. Ordnung (ZR2)

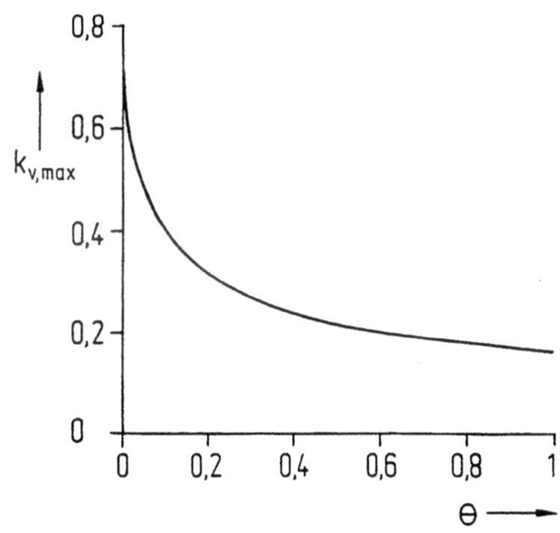

Bild 4.4 : Einfluß der bezogenen Rechentotzeit $\theta = T_R/T$ auf die erreichbare Geschwindigkeitsverstärkung

Abtastzeit (θ = 0,25) verringert die erreichbare Geschwindigkeitsverstärkung auf $k_{v,max}$ = 0,28 bzw. $K_{v,max}$ = 280 1/s.

Bei gegebener Rechentotzeit kann die erreichbare Geschwindigkeitsverstärkung dadurch erhöht werden, daß die Stellgröße u^- zum vergangenen Abtastzeitpunkt als 3. Zustandsgröße eingeführt (Gl. 3.8) und zurückgeführt wird (Bild 4.5). Der Rückführungsvektor hat in diesem Fall die Form:

$$\underline{k}^T = (k_1;\ k_2;\ k_3) = (k_v k_2;\ k_2;\ k_3) \tag{4.12}$$

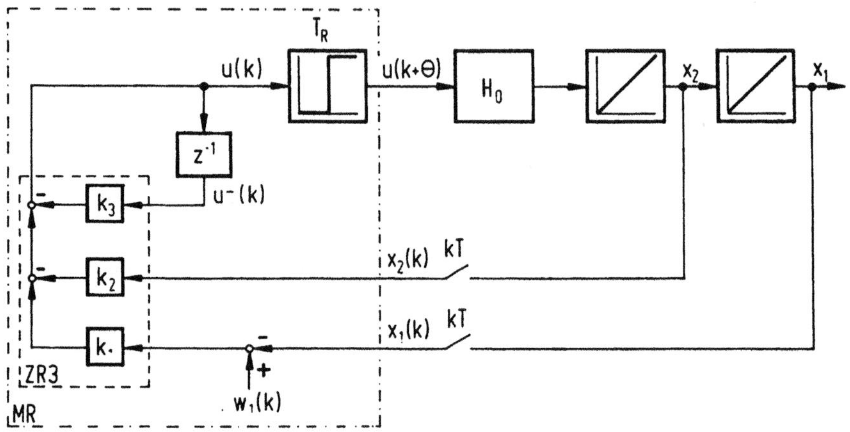

Bild 4.5 : Blockschaltbild der zeitdiskreten Zustandsregelung 3. Ordnung (ZR3)

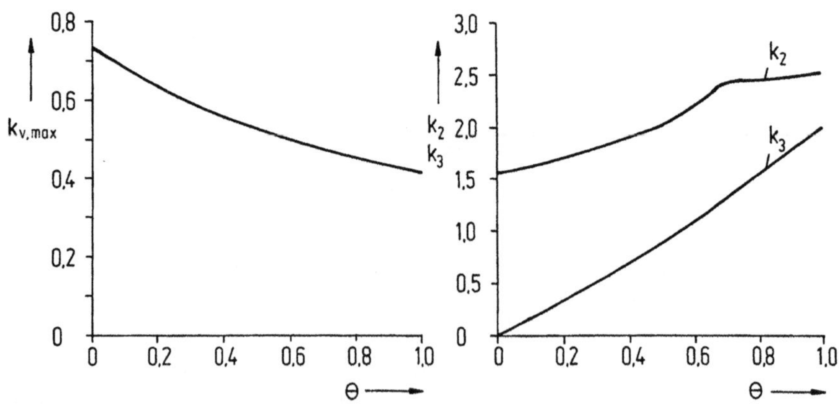

Bild 4.6 : Erreichbare Geschwindigkeitsverstärkung bei zusätzlicher Rückführung der alten Stellgröße

Bild 4.6 zeigt die erreichbaren Geschwindigkeitsverstärkungen sowie die zugehörigen Rückführkoeffizienten k_2 und k_3.

Die Abnahme der erreichbaren Geschwindigkeitsverstärkung mit zunehmender Rechentotzeit fällt bei Rückführung der alten Stellgröße wesentlich geringer aus. Bei einer Rechentotzeit von $\theta = 0,25$ ergibt sich eine Geschwindigkeitsverstärkung von $k_{v,max} = 0,61$ gegenüber $k_{v,max} = 0,28$ ohne Rückführung der alten Stellgröße.

4.3 Einfluß von Parameterschwankungen

Die Parameter der Regelstrecke sind im Betrieb gewissen Schwankungen unterworfen. Dadurch reduziert sich die erreichbare Geschwindigkeitsverstärkung $k_{v,max}$ gegenüber dem Nomimalsystem. Im vorliegenden Fall ist nur der Verstärkungsfaktor k_s Parameterunsicherheiten unterworfen.

Bild 4.7 zeigt die maximal erreichbare Geschwindigkeitsverstärkung $k_{v,max}$ abhängig von der Parameterschwankungsbreite η

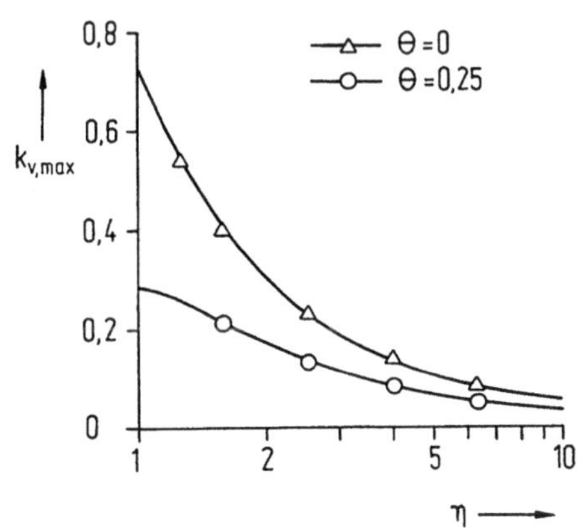

Bild 4.7 : Erreichbare Geschwindigkeitsverstärkung in Abhängigkeit von der Parameterunsicherheit (ZR2)

$$\eta = \frac{k_{s,max}}{k_{s,min}} \quad \text{mit} \quad k_{s,max}\, k_{s,min} = 1 \qquad (4.13)$$

Wie zu erwarten, nimmt die erreichbare Geschwindigkeitsverstärkung $k_{v,max}$ mit zunehmender Parameterschwankungsbreite ab.

Im folgenden werden eine Schwankungsbreite nach Gl. 3.12 (η = 1,56) sowie eine Rechentotzeit von θ = 0,25 zugrunde gelegt.

4.4 Ermittlung der Geschwindigkeit

Zur Ermittlung der Geschwindigkeit kommen folgende Verfahren in Betracht

- Messung mit Hilfe von Tachogeneratoren,
- zeitdiskrete Differentiation aus der Lage sowie
- Schätzung mit Hilfe von Zustandsbeobachtern.

In Abhängigkeit vom jeweiligen Verfahren ergibt sich ein unterschiedliches Systemverhalten (Tabelle 4.1). Im folgenden werden die Abkürzungen RS1..RS8 für die unterschiedlichen Regelungsstrukturen verwendet.

4.4.1 Tachogenerator

Die Ermittlung der Geschwindigkeit von Direktantrieben mit Hilfe von Tachogeneratoren erweist sich als problematisch:

- Direktantriebe bewegen sich mit relativ geringen Geschwindigkeiten. Spezielle Tachogeneratoren, die in diesem Geschwindigkeitsbereich arbeiten, sind teuer und besitzen ein entsprechend großes Volumen.

	Art der Geschwindigkeitsermittlung	Regler	Ordnung des Gesamtsystems	Gleichungs-nummer	Bild-nummer
RS1	Ideale Geschwindigkeitserfassung	ZR2	3	3.8 4.11	4.3
RS2	Messung mit Anti-Aliasing-Filter	ZR2	4	4.14	4.8
RS3	Geschwindigkeit aus Lage zeitdiskret differenziert (Gl. 4.16)	ZR2	4	4.17	4.10
RS4	Vollständiger Beobachter 2. Ordnung, beobachtete Geschwindigkeit und Lage werden zur Regelung verwendet	ZR2	5	4.19 4.20	4.12a
RS5	Vollständiger Beobachter 2. Ordnung, es wird nur die beobachtete Geschwindigkeit zur Regelung verwendet	ZR2	5	4.19 4.21	4.12b
RS6	Reduzierter Beobachter 1. Ordnung	ZR2	4	4.23 4.24	4.12c
RS7	Reduzierter Beobachter 2. Ordnung	ZR3	5	4.27 4.28	4.14
RS8	Modifizierter reduzierter Beobachter 1. Ordnung	ZR3	5	4.31 4.32	4.15

Tabelle 4.1 : Lageregelungsstrukturen bei Berücksichtigung der Geschwindigkeitsermittlung (RS..Regelungsstruktur)

- Tachogeneratoren für niedrige Geschwindigkeiten besitzen eine hohe Induktivität. Die Bandbreite dieser Sensoren ist begrenzt.

- Aufgrund der Kommutierung (mechanisch oder elektronisch) ergibt sich eine Welligkeit (Ripple) von einigen Prozent der aktuellen Geschwindigkeit.

- Zur Wandlung des analogen Geschwindigkeitssignals wird ein hochauflösender und damit teuerer A/D-Wandler benötigt.

- Durch das erforderliche Anti-Aliasing-Filter wird ein zusätzliches, die Regeldynamik begrenzendes Zeitglied in den Regelkreis eingeführt.

Das Anti-Aliasing-Filter sowie das Zeitverhalten des Tachogenerators können vereinfachend in einem PT1-Glied zusammengefaßt werden (Bild 4.8). Die Systemordnung wird dadurch auf vier erhöht:

$$\underline{x}(k+1) = \begin{pmatrix} 1 & 1 & 0 & k_s(\theta-0,5\theta^2) \\ 0 & 1 & 0 & k_s\theta \\ 0 & 0 & \alpha & k_F(\beta-\alpha) \\ 0 & 0 & 0 & 0 \end{pmatrix} \underline{x}(k) + \begin{pmatrix} 0,5k_s(1-\theta)^2 \\ k_s(1-\theta) \\ k_F(1-\beta) \\ 1 \end{pmatrix} u(k)$$

$$\text{mit } \alpha = \exp(-T/T_F); \qquad \beta = \exp(-(1-\theta)T/T_F); \qquad (4.14)$$

$$\underline{x}^T = [x_1;\ x_2;\ x_2^*;\ u^-]; \qquad \underline{k}^T = [k_1;\ 0;\ k_2;\ 0]\ .$$

Bild 4.9 zeigt die Abhängigkeit der maximal erreichbaren Geschwindigkeitsverstärkung $k_{v,max}$ von der Grenzfrequenz $f_{g,A}$ des Filters.

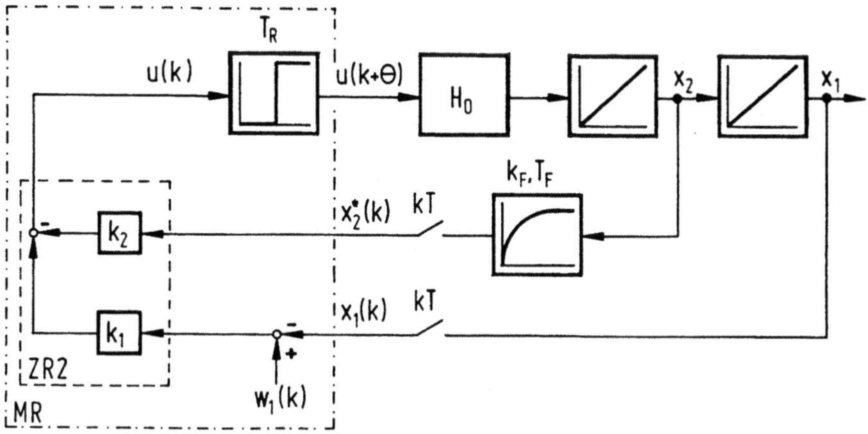

Bild 4.8 : Blockschaltbild der Regelung mit Tachogenerator und Anti-Aliasing-Filter (RS2)

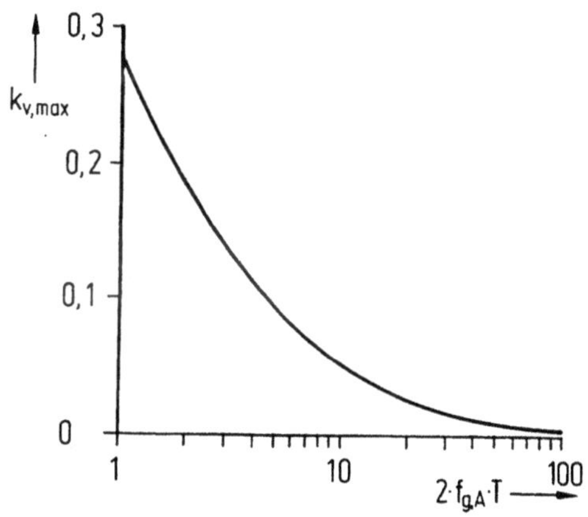

Bild 4.9 : Erreichbare Geschwindigkeitsverstärkung in Abhängigkeit von der Grenzfrequenz $f_{g,A}$ des Anti-Aliasing-Filters ($\theta = 0$, $n = 1$)

Bei einer üblichen Auslegung des Filters /31/ mit einer Dämpfung von 20 dB bei der Shannonfrequenz 1/2T ist nur noch eine Geschwindigkeitsverstärkung von $k_{v,max} = 0,06$ erreichbar.

Der Einsatz von Tachogeneratoren in digital geregelten Direktantrieben ist aus den oben genannten Gründen nicht sinnvoll und wird daher im folgenden nicht weiter betrachtet.

4.4.2 Berechnung aus dem Lagesignal

Ein bei digital geregelten Servoantrieben weit verbreitetes Verfahren zur Ermittlung der Geschwindigkeit ist die Berechnung aus der gemessenen Lage (Bild 4.10). Hierbei wird der Differentialquotient

$$X_2 = \frac{dX_1}{dt} \qquad (4.15)$$

durch den Differenzenquotienten

$$X_2(k) \approx \bar{X}_2(k) = \frac{X_1(k) - X_1(k-1)}{T} \qquad (4.16)$$

$$\text{bzw. } \bar{x}_2(k) = x_1(k) - x_1(k-1)$$

angenähert.

Die berechnete Geschwindigkeit $\bar{x}_2$ gibt jedoch nur die Größe der mittleren Geschwindigkeit während eines Abtastintervalls wieder. Das Verhalten nach Gl. 4.16 kann durch Einführen der berechneten Geschwindigkeit $\bar{x}_2$ als vierte Zustandsgröße im Zustandsraum beschrieben werden.

$$\underline{x}(k+1) = \begin{pmatrix} 1 & 1 & 0 & k_s(\theta-0{,}5\theta^2) \\ 0 & 1 & 0 & k_s\theta \\ 0 & 1 & 0 & k_s(\theta-0{,}5\theta^2) \\ 0 & 0 & 0 & 0 \end{pmatrix} \underline{x}(k) + \begin{pmatrix} 0{,}5k_s(1-\theta)^2 \\ k_s(1-\theta) \\ 0{,}5k_s(1-\theta)^2 \\ 1 \end{pmatrix} u(k)$$

$$\text{mit } \underline{x}^T = (x_1;\ x_2;\ \bar{x}_2;\ u^-);\quad \underline{k}^T = (k_1;\ 0;\ k_2;0). \qquad (4.17)$$

Bild 4.11 zeigt die erreichbare Geschwindigkeitsverstärkung im Vergleich zur idealisierten Regelung nach Bild 4.3 sowohl für das Nominalsystem als auch für die robuste Reglerauslegung nach Gl. 3.12 abhängig von der Rechentotzeit. Bild 4.11 sind zwei wesentliche Punkte zu entnehmen:

- Durch die zeitdiskrete Differentiation nach Gl. 4.16 ergibt sich eine erhebliche Verringerung der erreichbaren Geschwindigkeitsverstärkung.

- Für normierte Rechentotzeiten größer etwa 0,25 fällt die erreichbare Geschwindigkeitsverstärkung stark ab.

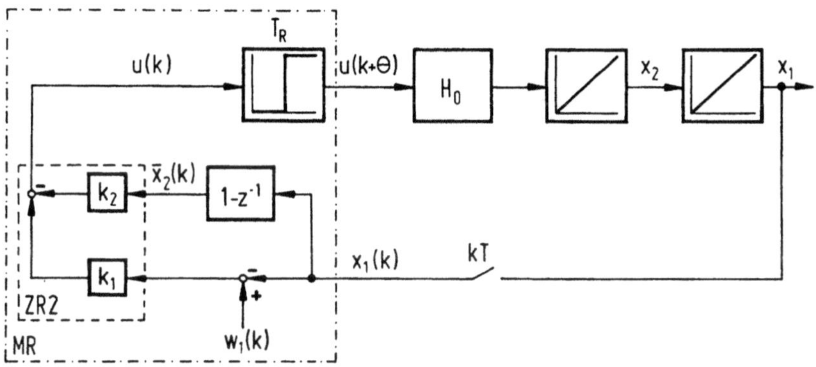

Bild 4.10 : Blockschaltbild der Regelung mit zeitdiskretem Differenzierer (RS3)

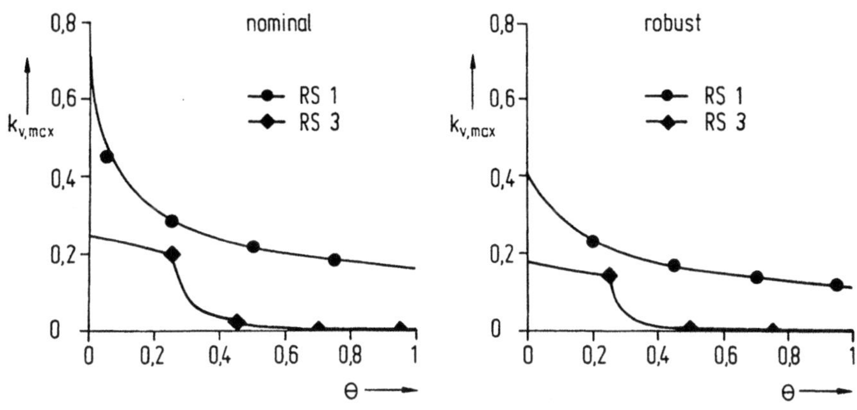

Bild 4.11 : Einfluß der normierten Rechentotzeit auf die erreichbare Geschwindigkeitsverstärkung

Bei dieser Art der Geschwindigkeitsermittlung sollte daher darauf geachtet werden, daß die normierte Rechentotzeit den Wert von $\theta = 0{,}25$ nicht nennenswert überschreitet.

4.4.3 Zustandsbeobachter

Die tatsächliche Geschwindigkeit kann mit Hilfe eines Zustandsbeobachters geschätzt werden /23, 32/. Die Geschwindigkeit kann nur dann exakt nachgebildet werden, falls das dem Beobachterentwurf zugrunde liegende Modell der Regelstrecke genau mit dem realen System übereinstimmt und keine Störungen an der Regelstrecke angreifen. Nur in diesem Fall sind die beobachteten Größen unabhängig von den Beobachterpolen /23/ (Separationsansatz).

Diese Forderung kann in der Praxis jedoch nie exakt erfüllt werden. Abweichungen werden durch

- Quantisierungs- und Linearitätsfehler bei der Erfassung der Regelgröße x_1,
- Parameterschwankungen (z.B. Kraftwelligkeit, schwankende Massen),
- Ungenauigkeiten bei der Ermittlung der Streckenparameter,
- Strukturfehler der Regelstrecke,
- Nichtlinearitäten der Regelstrecke und
- an der Regelstrecke angreifende Störkräfte

verursacht. Die Auswirkungen dieser Einflußgrößen auf die Güte der beobachteten Geschwindigkeit hängen sehr stark von der Wahl der Beobachterpole ab. Das Ziel, die Auswirkungen einzelner Einflußgrößen (z.B. Störkräfte, Quantisierung) zu reduzieren, führt zu sich widersprechenden Forderungen an die Beobachterstruktur sowie die Lage der zugehörigen Beobachterpole. Eine ganzheitliche Betrachtung der Teilsysteme Beobachter und Regler ist daher unerläßlich.

Beobachter auf Basis des Streckenmodells 2. Ordnung

Wird beim Beobachterentwurf die Rechentotzeit vernachlässigt und der damit verbundene Strukturfehler in Kauf genommen, so sind folgende Beobachterkonfigurationen möglich:

a) vollständiger Beobachter 2. Ordnung; es werden die beobachteten Zustandsgrößen $\hat{x}_1$ und $\hat{x}_2$ zur Regelung verwendet (Bild 4.12a) (RS4);

b) vollständiger Beobachter nach a); es wird jedoch nur die beobachtete Zustandsgröße $\hat{x}_2$ zur Regelung eingesetzt (Bild 4.12b) (RS5);

c) reduzierter Beobachter 1. Ordnung (Bild 4.12c) (RS6).

Für den vollständigen Beobachter in den Bildern 4.12a und 4.12b ergibt sich folgende Gleichung /23/:

$$\begin{pmatrix} \hat{x}_1(k+1) \\ \hat{x}_2(k+1) \end{pmatrix} = \begin{pmatrix} 1 & 1 \\ 0 & 1 \end{pmatrix} \begin{pmatrix} \hat{x}_1(k) \\ \hat{x}_2(k) \end{pmatrix} + \begin{pmatrix} 0,5 \\ 1 \end{pmatrix} u(k) + \begin{pmatrix} h_1 \\ h_2 \end{pmatrix} \hat{e}(k) \qquad (4.18a)$$

mit $\hat{e}(k) = x_1(k) - \hat{x}_1(k)$.

Werden zweckmäßigerweise reelle Doppelpole z_B beim Beobachterentwurf verwendet /32/, berechnen sich die Elemente des Beobachterrückführvektors $\underline{h}$ nach folgenden Gleichungen:

$$h_1 = 2(1 - z_B);\ h_2 = (z_B - 1)^2 \ . \qquad (4.18b)$$

Für die Regelstrecke einschließlich Beobachter ergeben sich folgende Zustandsgleichungen:

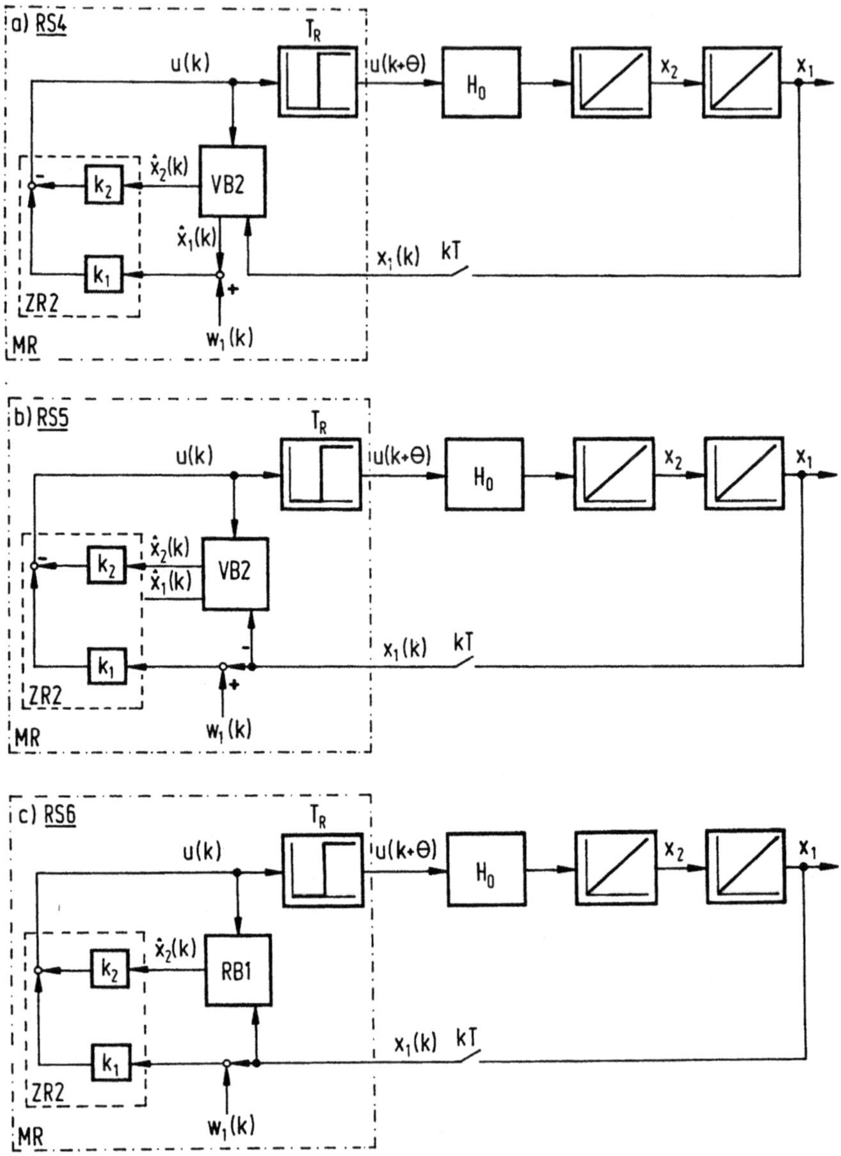

Bild 4.12 : Regelungsstrukturen RS4..RS6 mit Zustandsbeobachter für Zustandsregler 2. Ordnung (VB..vollständiger Beobachter; RB..reduzierter Beobachter)

$$\underline{x}(k+1) = \begin{pmatrix} 1 & 1 & a_{13} & 0 & 0 \\ 0 & 1 & k_s\theta & 0 & 0 \\ 0 & 0 & 0 & 0 & 0 \\ 2(1-z_B) & 0 & 0 & 2z_B-1 & 1 \\ (1-z_B) & 0 & 0 & -(1-z_B)^2 & 1 \end{pmatrix} \underline{x}(k) + \begin{pmatrix} 0,5(1-\theta)^2 k_s \\ (1-\theta)k_s \\ 1 \\ 0,5 \\ 1 \end{pmatrix} u(k)$$

mit $\underline{x}^T = (x_1;\ x_2;\ u^-;\ \hat{x}_1;\ \hat{x}_2);\ a_{13} = k_s(\theta - 0,5\theta^2)$. (4.19)

Für die Regelungsstruktur RS4 hat der Rückführvektor $\underline{k}$ folgende Form:

$$\underline{k}^T = (0;\ 0;\ 0;\ k_1;\ k_2) \ . \qquad (4.20)$$

Im Fall der Regelungsstruktur RS5 ergibt sich der Rückführvektor $\underline{k}$ zu

$$\underline{k}^T = (k_1;\ 0;\ 0;\ 0;\ k_2) \ . \qquad (4.21)$$

Für den reduzierten Beobachter in Bild 4.12c gilt:

$$\hat{v}(k+1) = (1-h)\hat{v}(k) - h^2 x_1(k) + (1-0,5h)u(k) \ , \qquad (4.22a)$$

$$\hat{x}_2(k) = \hat{v}(k) + h x_1(k) \ .$$

Der Rückführfaktor h berechnet sich zu

$$h = 1 - z_B. \qquad (4.22b)$$

Insgesamt ergibt sich folgende Zustandsdarstellung:

$$\underline{x}(k+1) = \begin{pmatrix} 1 & 1 & k_s(\theta-0{,}5\theta^2) & 0 \\ 0 & 1 & k_s\theta & 0 \\ 0 & 0 & 0 & 0 \\ 0 & 1-z_B & a_{43} & z_B \end{pmatrix} \underline{x}(k) + \begin{pmatrix} 0{,}5k_s(1-\theta)^2 \\ k_s(1-\theta) \\ 1 \\ b_4 \end{pmatrix} u(k)$$

mit $a_{43} = (1-z_B)(\theta-0{,}5\theta^2)k_s$, (4.23)

$b_4 = (1-z_B)(1-\theta)^2 0{,}5k_s + 0{,}5(1+z_B)$,

$\underline{x}^T = (x_1;\ x_2;\ u^-;\ \hat{x}_2)$.

Der Rückführvektor $\underline{k}$ hat die Form:

$$\underline{k}^T = (k_1;\ 0;\ 0;\ k_2) \ . \qquad (4.24)$$

Die erreichbare Geschwindigkeitsverstärkung hängt sehr stark von der Parameterunsicherheit η und der sich als Strukturfehler auswirkenden Rechentotzeit θ ab. Treten keine Parameterschwankungen auf und ist die Rechentotzeit gleich Null, so ergibt sich für alle drei Beobachterstrukturen wie bei der idealen Geschwindigkeitsermittlung eine Geschwindigkeitsverstärkung von $k_{v,max} = 0{,}733$ unabhängig von der Wahl der Beobachterpole (Separationsansatz). Werden Parameterunsicherheiten zugrunde gelegt, so ergibt sich eine Reduzierung der erreichbaren Geschwindigkeitsverstärkung abhängig von den jeweiligen Pollagen der Beobachter.

In Bild 4.13a sind die Zusammenhänge für die Parameterunsicherheit nach Gl. 3.12 und reelle Beobachterpollagen im Bereich von $z_B = 0...1$ aufgetragen. Zum Vergleich sind die erreichbaren Geschwindigkeitsverstärkungen für die Regelungsstrukturen RS1 und RS3 bis RS6 eingezeichnet. Bild 4.13b zeigt die sich ergebenden Verläufe für eine Rechentotzeit von θ = 0,25. Den Bildern sind folgende wesentliche Zusammenhänge zu entnehmen:

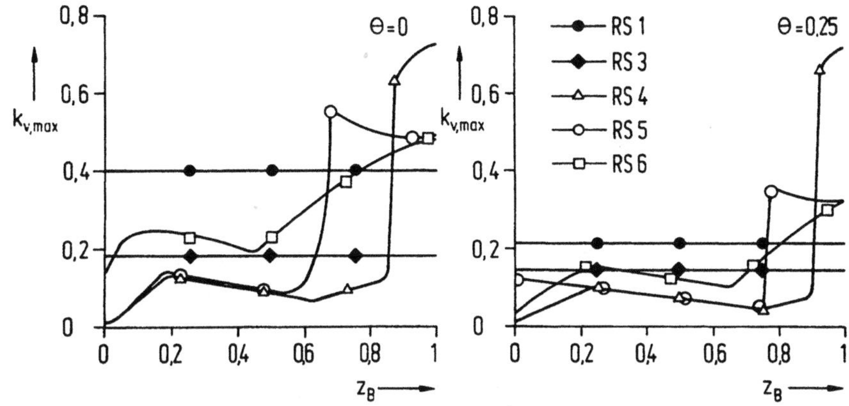

Bild 4.13 : Erreichbare Geschwindigkeitsverstärkung bei robuster Reglerauslegung (ZR2)

- Die erreichbare Geschwindigkeitsverstärkung ist wesentlich von der Wahl der Beobachterpole abhängig.

- Die mit Beobachtern erreichbare Geschwindigkeitsverstärkung ist in bestimmten Beobachterpollagen wesentlich höher als bei idealer Messung oder zeitdiskreter Differentiation der Geschwindigkeit.

- Die mit Beobachtern erreichbare Geschwindigkeitsverstärkung ist bei Beobachterpolen in der Umgebung von $z_B = 1$ am größten.

- Mit der Beobachterstruktur RS4 ist die größte Geschwindigkeitsverstärkung erreichbar.

- Durch den Einfluß der Rechentotzeit wird erwartungsgemäß die erreichbare Geschwindigkeitsverstärkung in allen Fällen reduziert.

Beobachter auf Basis des Streckenmodells 3. Ordnung

Wird die Rechentotzeit beim Beobachter- und Reglerentwurf berücksichtigt, ergeben sich die in Tabelle 4.2 dargestellten 6 möglichen Regelungsstrukturen.

Zustandsgröße	reduzierter Beobachter 2. Ordnung		vollständiger Beobachter 3. Ordnung			
x_1	g	g	b	b	g	g
x_2	b	b	b	b	b	b
u^-	b	g	b	g	b	g

g: gemessene Zustandsgröße wird zurückgeführt

b: beobachtete Zustandsgröße wird zurückgeführt

Tabelle 4.2 : Mögliche Beobachterstrukturen für Zustandsregler 3. Ordnung

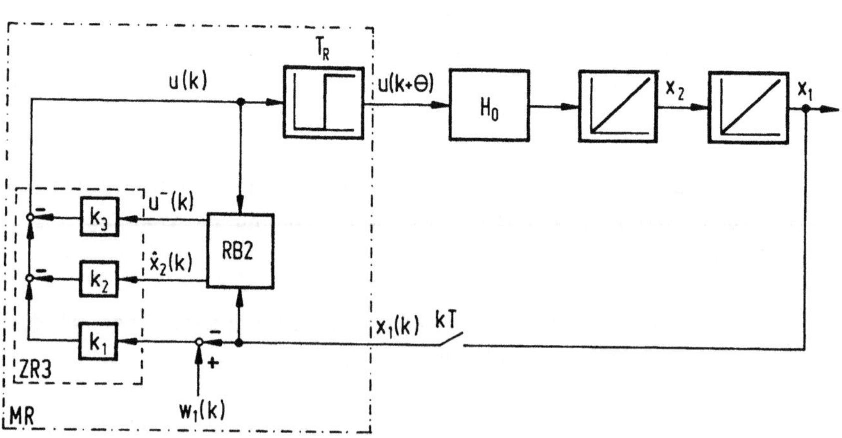

Bild 4.14 : Regelungsstruktur mit Zustandsregler 3. Ordnung und reduziertem Beobachter 2. Ordnung (RS7)

Die in Bild 4.14 dargestellte Regelungsstruktur RS7 liefert hierbei die günstigsten Ergebnisse. Für diesen reduzierten Beobachter 2. Ordnung gelten folgende Gleichungen:

$$\underline{\hat{v}}(k+1) = \underline{\underline{L}}\,\underline{\hat{v}}\,(k) + \underline{m}x_1(k) + \underline{n}u(k)\ , \qquad (4.25)$$

$$\begin{pmatrix} \hat{x}_2(k) \\ \hat{x}_3(k) \end{pmatrix} = \underline{\hat{v}}(k) + \underline{h}x_1(k)$$

$$\text{mit}\quad \underline{\underline{L}} = \begin{pmatrix} 1 - h_1 & \theta - h_1 a_{13} \\ -h_2 & -h_2 a_{13} \end{pmatrix};\quad \underline{m} = \begin{pmatrix} h_2\theta - h_1 h_2 a_{13} - h_1^2 \\ -h_2(1 + h_1 + h_2\, a_{13}) \end{pmatrix}$$

$$\underline{n} = \begin{pmatrix} b_2 - b_1 h_1 \\ 1 - b_1 h_2 \end{pmatrix};\qquad \begin{aligned} a_{13} &= \theta - 0{,}5\theta^2; \\ b_1 &= 0{,}5(1 - \theta)^2; \\ b_2 &= 1 - \theta\ . \end{aligned}$$

Die Elemente des Vektors $\underline{h}$ berechnen sich aus den Eigenwerten z_B (Doppelpol) des Beobachters nach folgenden Beziehungen:

$$h_1 = 1 - 2z_B - z_B^2(2 - \theta)/\theta;\ h_2 = 2z_B^2/\theta^2. \qquad (4.26)$$

Für das Gesamtsystem, bestehend aus Regelstrecke und reduziertem Beobachter ergibt sich:

$$\underline{x}(k+1) = \begin{pmatrix} 1 & 1 & a_{13} & 0 & 0 \\ 0 & 1 & k_s\theta & 0 & 0 \\ 0 & 0 & 0 & 0 & 0 \\ 0 & h_1 & h_1 a_{13} & 1-h_1 & a_{45} \\ 0 & h_2 & h_2 a_{13} & -h_2 & a_{55} \end{pmatrix} \underline{x}(k) + \begin{pmatrix} 0{,}5(1-\theta)^2 k_s \\ (1-\theta)\ k_s \\ 1 \\ b_4 \\ b_5 \end{pmatrix} u(k)$$

mit: (4.27)

$h_1 = 1 - 2z_B - \frac{2-\theta}{\theta} z_B^2;$ $h_2 = 2z_B^2/\theta^2;$

$a_{13} = k_s(\theta - 0{,}5\theta^2)$ $a_{45} = \theta - h_1(\theta - 0{,}5\theta^2);$

$a_{55} = - h_2(\theta - 0{,}5\theta^2);$ $b_4 = 0{,}5h_1(k_s-1)(1-\theta)^2 + (1-\theta);$

$b_5 = 0{,}5h_2(k_s-1)(1-\theta)^2+1;$ $\underline{x}^T = (x_1;\ x_2;\ u^-;\ \hat{x}_2;\ \hat{u}^-).$

Der Rückführvektor $\underline{k}$ hat die Form:

$$\underline{k}^T = (k_1;\ 0;\ 0;\ k_2;\ k_3). \quad (4.28)$$

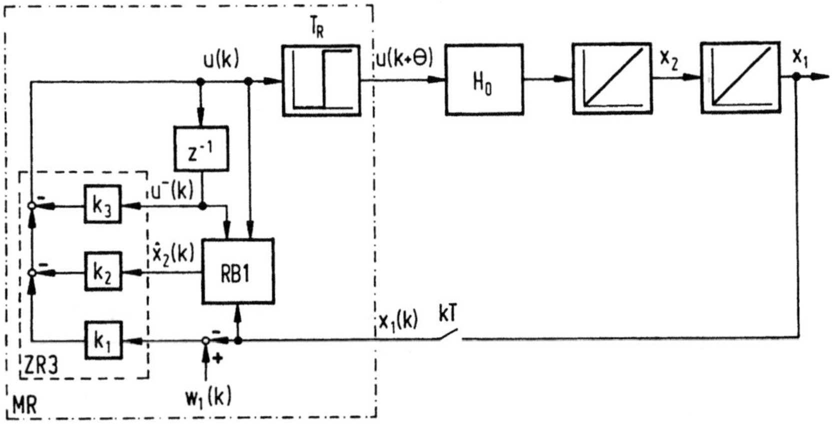

Bild 4.15 : Regelungsstruktur mit Zustandsregler 3. Ordnung und modifiziertem Beobachter 1. Ordnung (RS8)

Aus Gl. 4.25 kann ein modifizierter reduzierter Beobachter 1. Ordnung abgeleitet werden (Bild 4.15). Er verwendet als Eingangsgröße neben der aktuellen Stellgröße u auch die alte Stellgröße u^-:

$$\hat{v}(k+1) = (1-h)\hat{v}(k) - h^2 x_1(k) + (\theta - h(\theta - 0{,}5\theta^2))u^-(k) + (1-\theta-0{,}5h(1-\theta)^2)u(k)$$

$$\hat{x}_2(k) = \hat{v}(k) + h_1 x(k) \,. \qquad (4.29)$$

Der Rückführvektor ergibt sich aus dem Eigenwert des Beobachters zu

$$h = 1 - z_B \,. \qquad (4.30)$$

Das Gesamtsystem lautet

$$\underline{x}(k+1) = \begin{pmatrix} 1 & 1 & k_s(\theta-0{,}5\theta^2) & 0 \\ 0 & 1 & k_s\theta & 0 \\ 0 & 0 & 0 & 0 \\ 0 & h & a_{43} & 1-h \end{pmatrix} \underline{x}(k) + \begin{pmatrix} 0{,}5(1-\theta)^2 k_s \\ (1-\theta)k_s \\ 1 \\ b_4 \end{pmatrix} u(k)$$

$$\text{mit: } a_{43} = \theta + h(k_s-1)(\theta-0{,}5\theta^2); \qquad (4.31)$$

$$b_4 = 0{,}5h(k_s-1)(1-\theta)^2 + (1-\theta);$$

$$x^T = (x_1;\ x_2;\ u^-;\ \hat{x}_2).$$

Der Rückführvektor hat die Form

$$\underline{k}^T = (k_1;\ 0;\ k_3;\ k_2). \qquad (4.32)$$

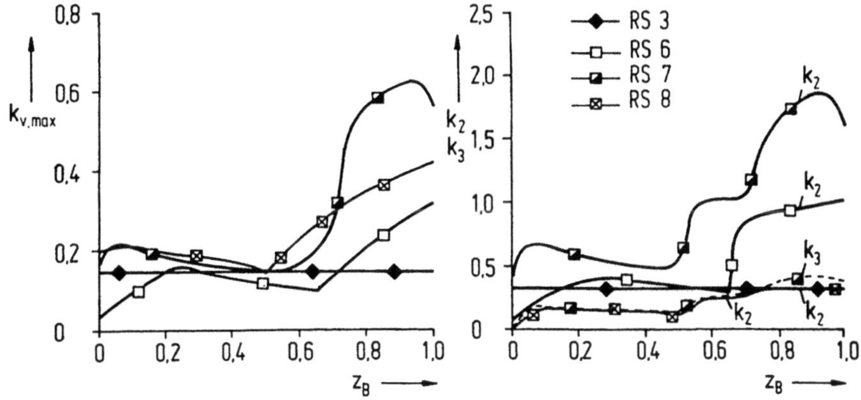

Bild 4.16 : Erreichbare Geschwindigkeitsverstärkung mit robusten Zustandsreglern

Die erreichbare Geschwindigkeitsverstärkung ist in Bild 4.16 dargestellt.

Durch die Berücksichtigung der Rechentotzeit beim Beobachter- und Reglerentwurf ergibt sich eine wesentliche Verbesserung der erreichbaren Geschwindigkeitsverstärkung. Dem steht jedoch ein wesentlich höherer Realisierungsaufwand gegenüber.

4.5 Regelverfahren mit Integralverhalten

Bei den bisher betrachteten Zustandsreglern bewirkt eine äußere Last eine bleibende Regelabweichung. Ist keine bleibende Regelabweichung erwünscht, so muß durch geeignete Maßnahmen ein Integralverhalten gegenüber Störkräften erzeugt werden. Hierfür kommen zunächst Störgrößenbeobachter /23,32/ und P/PI-Kaskadenregler /33/ in Betracht.

4.5.1 Störgrößenbeobachter

Bei Störgrößenbeobachtern wird das Modell der Regelstrecke um ein Störgrößenmodell erweitert und hierfür in bekannter Weise ein Beobachter entworfen. Als Störgrößenfunktion wird normalerweise eine sprungförmige Störkraft angenommen. Die so rekonstruierte Störkraft wird der Regelstrecke aufgeschaltet und kompensiert somit zumindest stationär die angreifende Störkraft.

Als wesentlicher Vorteil des Störgrößenbeobachters wird allgemein angeführt, daß im Gegensatz zum Kaskadenregler das Führungsverhalten des Regelkreises nicht beeinträchtigt wird.

Diese Eigenschaft gilt jedoch nur für das Nominalsystem. Treten Parameterunsicherheiten auf, so wird auch das Führungsverhalten durch die Eigenwerte des Gesamtsystems bestimmt. Die Beobachter in den Regelungsstrukturen RS4 bis RS6 wurden entsprechend als Störgrößenbeobachter entworfen und untersucht. Unter Berücksichtigung der Parameterunsicherheit nach Gl. 3.12 war es in keinem Fall möglich, das Entwurfskriterium nach Gl. 4.6 einzuhalten. Bereits bei geringen Abweichungen vom Nominalsystem verläßt zumindest ein Eigenwert des Systems das Polgebiet der "Schönen Stabilität".

4.5.2 P/PI-Kaskadenregler

Der Kaskadenregler, bestehend aus P-Lage- und P- oder PI-Geschwindigkeitsregler, wird an numerisch gesteuerten Bewegungsachsen fast ausschließlich eingesetzt (Bild 4.17). Der Kaskadenregler ohne Integralanteil ist mit dem bisher betrachteten Zustandsregler 2. Ordnung identisch. Es gilt folgender Zusammenhang:

$$k_v = k_1/k_2; \quad k_p = k_2. \tag{4.33}$$

Der Einsatz des P/PI-Kaskadenreglers ist nur sinnvoll, wenn die dem Regler zugeführte Geschwindigkeit keine stationäre Abweichung gegenüber der tatsächlichen Geschwindigkeit aufweist. Dies ist nur dann der Fall, wenn die Geschwindigkeit

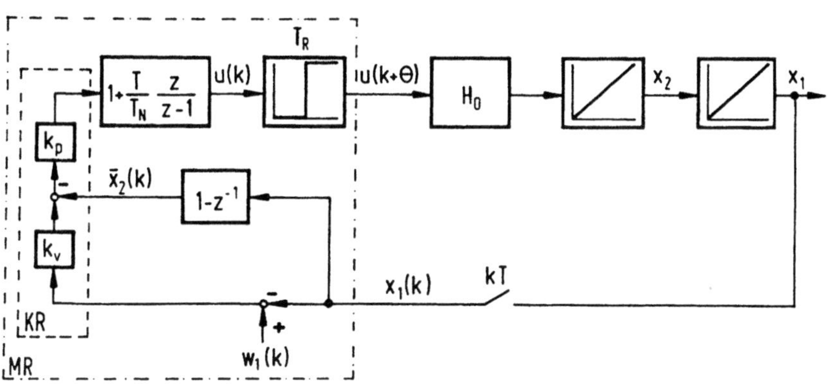

Bild 4.17 : P/PI-Kaskadenregler

aus der Lage differenziert wird. Beobachter können nicht eingesetzt werden, da sich beim Angreifen einer Störkraft eine stationäre Abweichung der beobachteten Geschwindigkeit ergibt.

Um das Parameterraumverfahren auf den P/PI-Kaskadenregler anwenden zu können, muß der Integrierer des PI-Reglers formal der Regelstrecke zugeschlagen werden. Die Nachstellzeit muß als Parameter vorgegeben werden. Das Regelgesetz

$$u = \left[k_v(w_1 - x_1) - x_2\right]k_p\left[1 + \frac{T}{T_N}\frac{z}{z-1}\right] \tag{4.34}$$

für die Strecke nach Gl. 4.17 kann folgendermaßen transformiert werden:

Regelgesetz:

$$u = \underline{k}^T\underline{x} \qquad \text{mit} \quad \underline{k}^T = (k_1;\ 0;\ 0;\ 0;\ k_2); \qquad k_v = k_1/k_2;\quad k_p = k_2. \tag{4.35}$$

Strecke:

$$\underline{x}(k+1) = \begin{pmatrix} 1 & 1 & a_{13} & a_{14} & 0 \\ 0 & 1 & k_s\theta & k_sk_I(1-\theta) & 0 \\ 0 & 0 & 0 & k_I & 0 \\ 0 & 0 & 0 & 1 & 0 \\ 0 & 1 & a_{13} & a_{14} & 0 \end{pmatrix}\underline{x}(k) + \begin{pmatrix} b_1 \\ b_2 \\ (1+k_I) \\ 1 \\ b_1 \end{pmatrix}u(k)$$

$$\text{mit } \underline{x}^T = (x_1;\ x_2;\ u^-;\ x_I;\ \bar{x}_2);\qquad k_I = T/T_N; \tag{4.36}$$
$$b_1 = 0{,}5k_s(1+k_I)(1-\theta)^2;\qquad a_{13} = k_s(\theta-0.5\theta^2);$$
$$b_2 = k_s(1+k_I)(1-\theta);\qquad a_{14} = 0{,}5k_sk_I(1-\theta)^2.$$

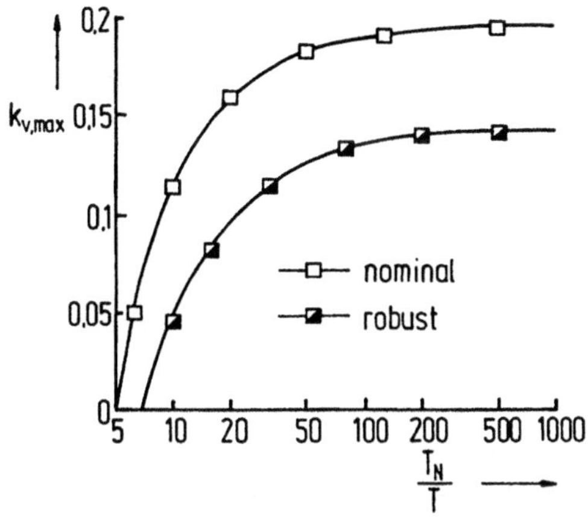

Bild 4.18 :
Erreichbare Geschwindigkeitsverstärkung mit P/PI-Kaskadenregler

Bild 4.18 zeigt die erreichbare Geschwindigkeitsverstärkung abhängig von der Nachstellzeit des PI-Reglers. Es sind nur Nachstellzeiten größer 5T realisierbar.

Mit zunehmender Nachstellzeit nimmt die erreichbare Geschwindigkeitsverstärkung stetig zu. Ab einer Nachstellzeit von $T_N > 60T$ ist die Reduzierung der Geschwindigkeitsverstärkung gegenüber einem Regler ohne I-Anteil kleiner 10%.

4.6 Laststeifigkeit

Die Laststeifigkeit ist neben der Geschwindigkeitsverstärkung der wichtigste Parameter für die erreichbare Bahngenauigkeit einer Produktionsmaschine. Besonders bei Direktantrieben, die aufgrund fehlender mechanischer Übertragungsglieder und geringer Trägheitsmassen von Hause aus eine geringe Laststeifigkeit besitzen, ist diese Größe von ausschlaggebender Bedeutung.

Die auf einen Antrieb wirkenden Last- bzw. Störkräfte setzen sich aus Bearbeitungs-, Reib- und Gewichtskräften zusammen.

Zur Festlegung der erforderlichen Laststeifigkeit sind die Amplituden und die Zeit- bzw. Frequenzverläufe der auftretenden Lastkräfte zu untersuchen. Weiterhin ist die zulässige Positionsauslenkung als Folge der Lastkräfte festzulegen.

Die Zeitverläufe und Beträge der Bearbeitungskräfte hängen sehr stark von dem jeweiligen Einsatzfall ab. Beim Stoßen treten beispielsweise nahezu sprungförmige Störkräfte auf. Beim Fräsen stellt sich beim Werkzeugeingriff ein eher langsamer Anstieg der Kraftamplitude ein, welchem wiederum ein durch den Zahneingriff verursachter hochfrequenter Störkraftanteil überlagert ist. Bei modernen Bearbeitungsverfahren wie der Laserbearbeitung treten überhaupt keine Bearbeitungskräfte auf.

Reibkräfte werden vor allem durch die Wälzführungen verursacht. Die Reibkraft setzt sich aus einem Anteil trockener Reibung und einem stochastischen Reibanteil zusammen, welcher hauptsächlich bei Linearführungen auftritt. Die trockene Reibung verursacht bei Richtungsumkehr einen Vorzeichenwechsel und damit einen Sprung der Reibkraft. Der stochastische Reibanteil wird vor allem durch den Ein- bzw. Austritt eines Wälzkörpers in den tragenden Teil des Wälzkörperumlaufs verursacht. Das Frequenzspektrum des Reibanteils korreliert mit der Bewegungsgeschwindigkeit der Linearführungen. Der Reibanteil liegt bei Linearantrieben im Bereich zwischen 5 % und 30 % der Nennkraft des Motors.

Die am Antrieb angreifenden Gewichtskräfte sind nahezu konstant. Da aus thermischen Gründen ohnehin ein Gewichtsausgleich erforderlich ist (vgl. Abschnitt 2), sind die wirksamen Gewichtskräfte meist vernachlässigbar.

Zur Beurteilung des Störverhaltens wird im folgenden die dynamische Laststeifigkeit verwendet werden. Die dynamische Laststeifigkeit ergibt sich bei einer sprungförmigen Störkraft F_s aus dem Quotient der Störkraft und der daraus resultierenden maximalen Lageauslenkung

$$c_{dyn} = F_s \,/\, \max(\Delta X_1(t)) \,. \qquad (4.37a)$$

Die dynamische Laststeifigkeit ist bei den untersuchten Reglern mit P-Verhalten praktisch mit der stationären Laststeifigkeit

$$c_{stat} = F_s \,/\, \Delta X_1(t) \Big|_{t \to \infty} \qquad (4.37b)$$

identisch (Bild 4.19). Die beim Entwurf vorgeschriebene Mindestdämpfung der Eigenwerte des Regelungssystems bewirkt eine nahezu überschwingfreie Antwort auf eine sprungförmige Störkraft.

Bild 4.20 zeigt die resultierende dynamische Laststeifigkeit für die untersuchten Regelungsstrukturen mit Zustandsreglern 2. Ordnung für feste Reglerkoeffizienten:

$$k_v = 0{,}2; \; k_2 = 0{,}55; \; \theta = 0{,}25. \qquad (4.38)$$

Die Regelungsstruktur RS3 liefert die gleiche Laststeifigkeit wie bei der idealen Geschwindigkeitserfassung. Die Regelungsstrukturen mit Zustandsbeobachtern schneiden deutlich schlechter ab, wobei die Laststeifigkeit mit zunehmenden Beobachterpolen stetig abnimmt.

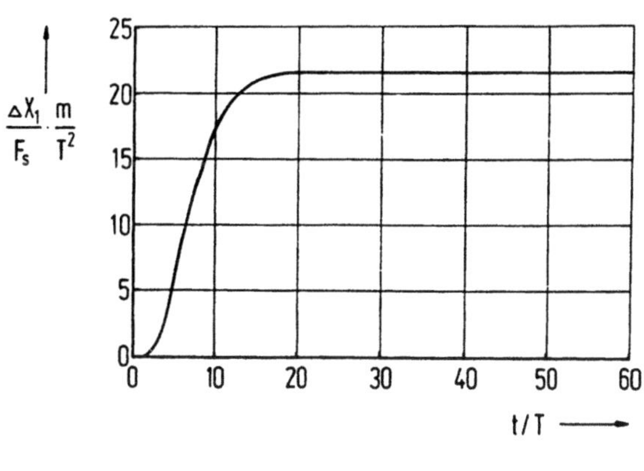

Bild 4.19 : Antwort der Regelungsstruktur RS3 auf Lastsprung (k_v=0,145; k_2=0,32)

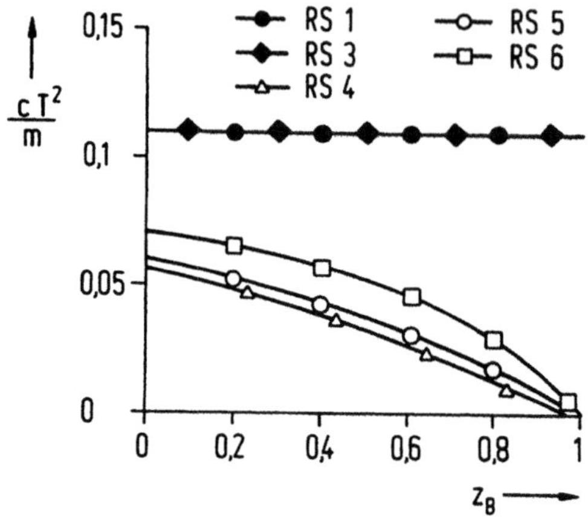

Bild 4.20 : Dynamische Laststeifigkeit abhängig von den Beobachterpolen (k_v=0,2; k_2=0,55; θ=0,25)

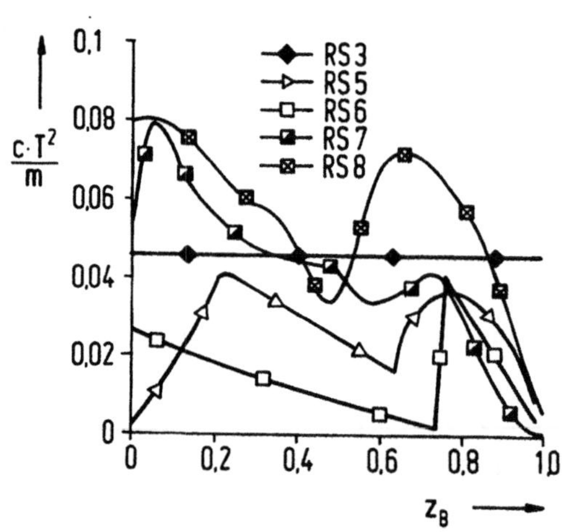

Bild 4.21 : Dynamische Laststeifigkeit bei jeweils optimaler Geschwindigkeitsverstärkung (θ=0,25)

In Bild 4.21 sind die dynamischen Laststeifigkeiten bei jeweils maximal erreichbarer Geschwindigkeitsverstärkung aufgetragen. Mit Hilfe der Zustandsregler 3. Ordnung (RS7 und RS8) wird mit

$$c_{dyn} = 0{,}080\ m/T^2 \tag{4.39a}$$

die höchste Laststeifigkeit erzielt. Bei den Reglerstrukturen mit zwei Rückführkoeffizienten wird die höchste Laststeifigkeit mit Regelungsstruktur RS3 erreicht. Sie liegt bei

$$c_{dyn} = 0{,}046\ m/T^2. \tag{4.39b}$$

Die Regelungsstrukturen RS5 und RS6 erreichen Laststeifigkeiten von maximal

$$c_{dyn} = 0{,}040\ m/T^2. \tag{4.39c}$$

Bild 4.22 zeigt die dynamische Laststeifigkeit des P/PI-Kaskadenreglers in Abhängigkeit von der Nachstellzeit. Eine wesentliche Verbesserung der dynamischen Laststeifigkeit ist mit dem Integralverhalten nicht zu erzielen.

Bild 4.23 zeigt die zugehörigen Zeitverläufe auf einen Lastsprung. Die entsprechenden Störfrequenzgänge sind in Bild 4.24 dargestellt. Den Bildern sind die folgenden Eigenschaften zu entnehmen:

- Im Bereich niedriger Frequenzen kann durch den I-Anteil eine erhebliche Verbesserung des Störverhaltens erzielt werden.

- Im mittleren Frequenzbereich kann sich durch den I-Anteil ein etwas schlechteres Störverhalten ergeben als ohne I-Anteil.

- Im Bereich hoher Frequenzen hat der I-Anteil keinen Einfluß auf das Störverhalten.

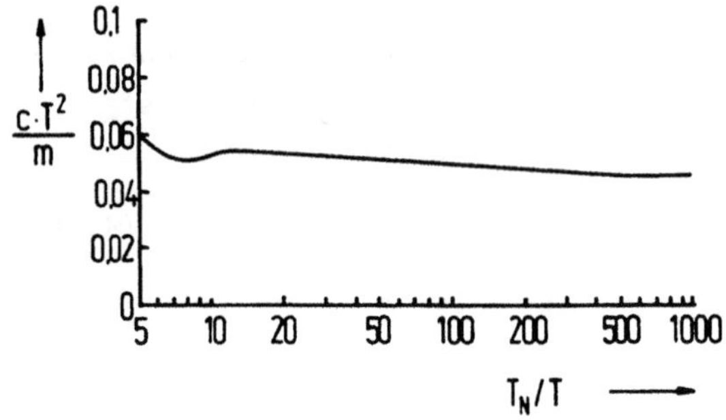

Bild 4.22 : Dynamische Laststeifigkeit des robusten P/PI-Kaskadenreglers

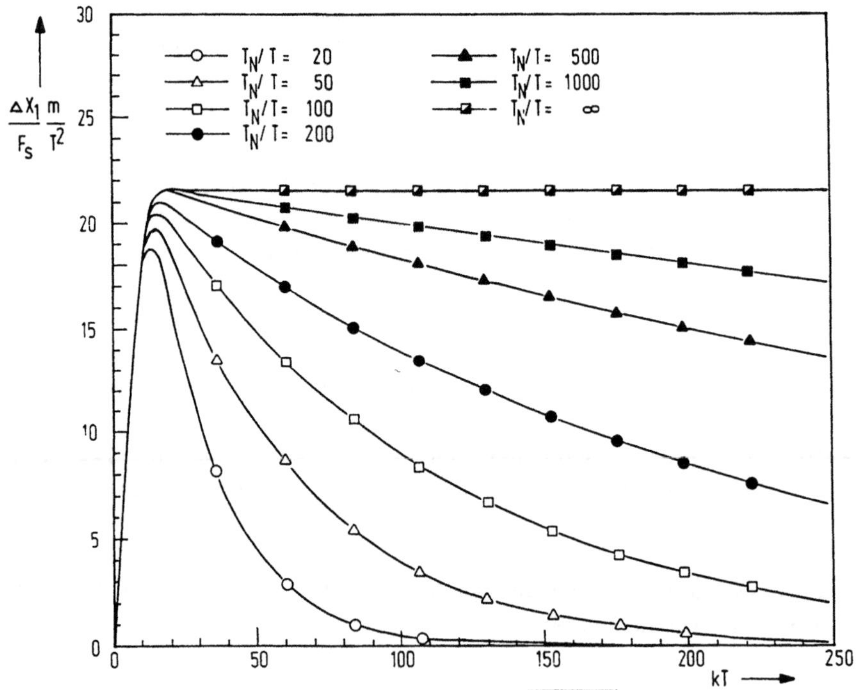

Bild 4.23 : Antwort des P/PI-Kaskadenreglers auf Lastsprünge

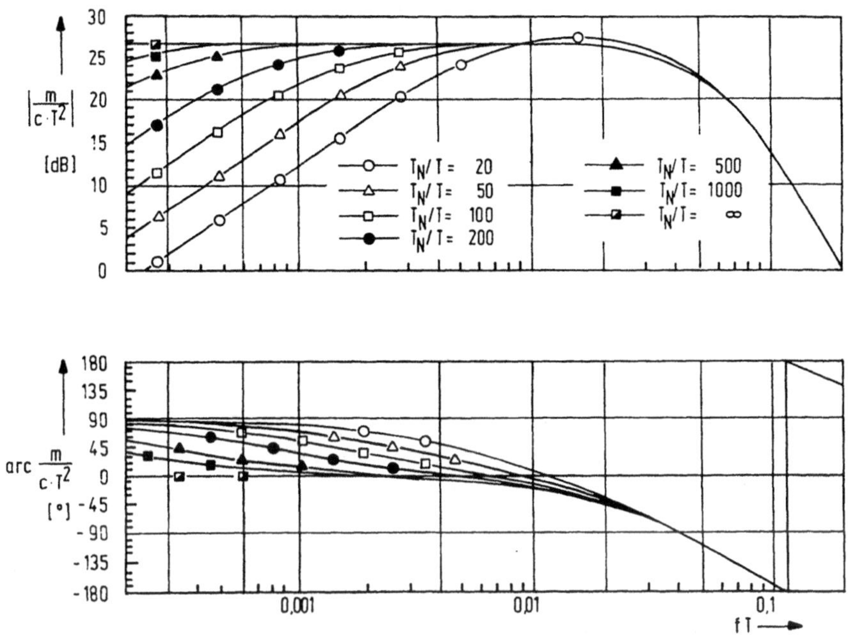

Bild 4.24 : Störfrequenzgänge des P/PI-Kaskadenreglers

4.7 Einfluß der Meßsystemauflösung

Der durch die endliche Auflösung des Wegmeßsystems verursachte Quantisierungsfehler $q_L(t)$ stellt bei üblichen Bewegungsabläufen mit guter Näherung ein statistisch unabhängiges, gleichverteiltes stochastisches Signal dar /31/.

Die Varianz, das Quadrat der Standardabweichung, beträgt

$$\sigma_L^2 = Q_L^2/12 \ . \tag{4.40}$$

Das Quantisierungsfehlersignal kann sich bei extrem hohen Regelverstärkungen bzw. großen Quantisierungsschritten sehr negativ auf die Geräuschentwicklung und auf die Verlustleistung des Antriebssystems auswirken.

Beispiel:

Für die Regelungsstruktur RS3 (Bild 4.10) läßt sich die Änderung der Stellgröße beim Überfahren eines Weginkrements einfach angeben. Sie berechnet sich zu

$$\Delta u = \frac{Q_L}{T^2}(k_1 + k_2) = \frac{Q_L}{T^2} k_2(1 + k_v). \qquad (4.41)$$

Bei einer Reglereinstellung mit $k_v = 0{,}2$; $k_2 = 0{,}55$ ergibt sich für $Q_L = 1\ \mu m$, $T = 1$ ms ($K_v = 200$ 1/s) beim Überfahren eines Weginkrements ein Stellgrößensprung von $0{,}66\ m/s^2$. Bei $T = 0{,}2$ ms ($K_v = 1000$ 1/s) beträgt der Stellgrößensprung bereits $16{,}5\ m/s^2$.

Zur Beurteilung des Quantisierungseinflusses wird im folgenden die bezogene Rauschverlustleistung verwendet.

$$p_q = 0{,}5\left(\frac{u_q}{u_N}\right)^2 = \frac{P_q}{P_{N,V}} . \qquad (4.42a)$$

Hierbei ist u_q das durch das Quantisierungsfehlersignal $q_L(t)$ (weißes Rauschen) hervorgerufene Stellsignal und u_N diejenige Stellgröße, bei welcher der Motor sein Nennmoment abgibt. Die bezogene Rauschverlustleistung p_q gibt damit das Verhältnis zwischen der durch das Quantisierungsfehlersignal hervorgerufenen Verlustleistung P_q und der Nennverlustleistung $P_{N,V}$ an.

Die Standardabweichung des durch das Quantisierungsfehlersignal verursachten Stellsignals ergibt sich zu

$$\sigma_q = \sqrt{P_q} = u_N\sqrt{2p_q} \quad . \qquad (4.42b)$$

Die bezogene Rauschverlustleistung sollte aus thermischen Gründen keinesfalls den Wert von 10% überschreiten. In der Regel macht sich jedoch die Geräuschentwicklung bereits bei wesentlich kleineren Werten der Rauschverlustleistung unangenehm bemerkbar. Die Intensität hängt unter anderem davon ab, ob die Wicklungen vergossen sind oder welche Strukturschwingungen des mechanischen Aufbaus angeregt werden.

Durch digitale Simulation kann die Rauschverlustleistung für beliebige Regelungsstrukturen auf einfache Weise ermittelt werden. Hierzu wird ein Pseudorauschbinärsignal (PRBS) als Quantisierungsfehlersignal aufgeschaltet, das resultierende Stellsignal quadriert und über eine ausreichende Zeitspanne gemittelt.

Für das obige Beispiel (RS3; $k_v = 0{,}2$; $k_2 = 0{,}55$) beträgt die bezogene Rauschverlustleistung

$$p_q = 0{,}13 \cdot \frac{Q_L^2}{u_N^2\, T^4} \quad . \qquad (4.43)$$

Bei einer Nennstellgröße von $u_N = 10\ m/s^2$ ergibt sich bei einer Abtastzeit von 1 ms ($K_v = 200$ 1/s) und $Q_L = 1\ \mu m$ eine bezogene Rauschverlustleistung von $p_q = 0{,}13\%$.

Eine Abtastzeit von T = 0,2 ms ($K_v = 1000$ 1/s) führt zu einem untragbaren Wert von 69%. Wie aus Gleichung 4.43 ersichtlich ist, geht die Abtastzeit T in der vierten Potenz in die Rauschverlustleistung ein. Eine Verdopplung der Geschwindigkeitsverstärkung K_v durch eine Halbierung der Abtastzeit bewirkt also eine 16mal höhere Rauschverlustleistung.

Durch eine Verringerung der Meßsystemquantisierung kann wegen des quadratischen Zusammenhangs eine erhebliche Reduzierung der Rauschverlustleistung erreicht werden. Allerdings sind einer Verringerung der Quantisierung technische und wirtschaftliche Grenzen gesetzt.

Durch den Einsatz von Zustandsbeobachtern kann der Einfluß der Meßsystemquantisierung erheblich verringert werden. Der Quantisierungseinfluß hängt deutlich von der Wahl der Beobachterpole ab.

In Bild 4.25 sind die bezogenen Rauschverlustleistungen über den Beobachterpolen für die oben angegebenen Reglerparameter aufgetragen. Bild 4.25 sind folgende Aussagen zu entnehmen:

- Bei wachsendem Wert von z_B nimmt die Rauschverlustleistung ab.

- Bei Pollagen um $z_B = 0$ ergibt sich im Vergleich zur Regelungsstruktur RS3 teilweise eine höhere Rauschverlustleistung.

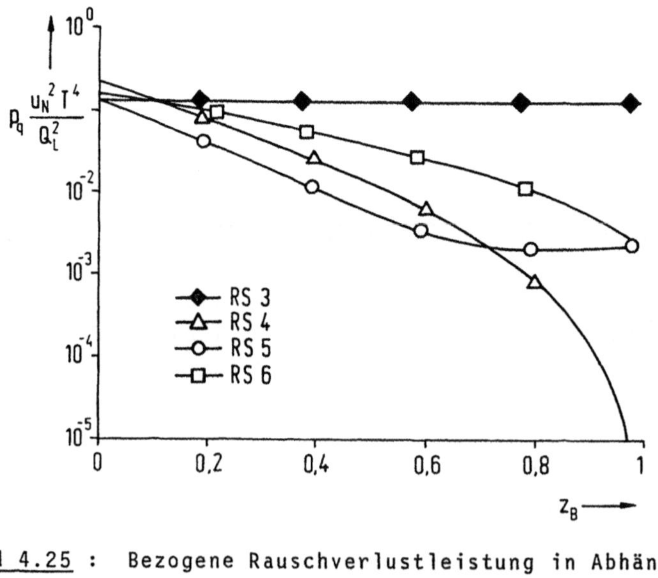

Bild 4.25 : Bezogene Rauschverlustleistung in Abhängigkeit von den Beobachterpolen (k_v=0,2; k_2=0,55; θ=0,25)

- Der reduzierte Beobachter (RS6) bewirkt bei den meisten Pollagen eine erheblich höhere Rauschverlustleistung.

- Bei den vollständigen Beobachtern erzeugt die Variante RS5 bei Pollagen kleiner z_B = 0,7 eine geringere, darüber eine höhere Rauschverlustleistung als die Variante RS4.

- Mit den Beobachtern RS5 und RS6 kann die Rauschverlustleistung gegenüber der Regelungsstruktur RS3 maximal um den Faktor 60 verringert werden.

Werden die zur jeweils maximal erreichbaren Geschwindigkeitsverstärkung gehörenden Reglerkoeffizienten zur Berechnung der bezogenen Rauschverlustleistung zugrunde gelegt, so führt dies zu den in Bild 4.26 dargestellten Verläufen.

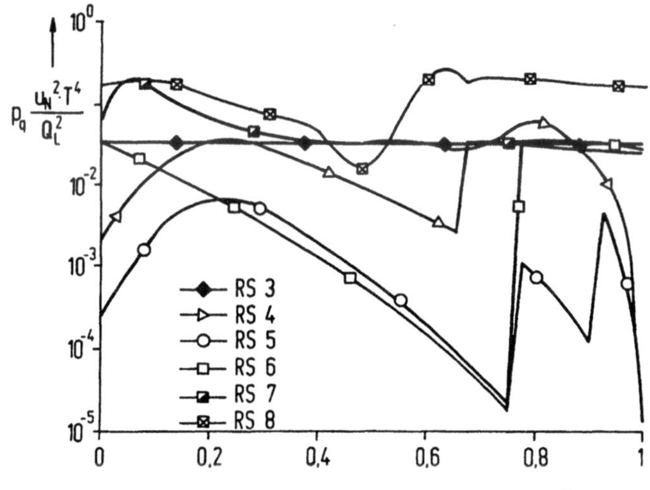

Bild 4.26 : Bezogene Rauschverlustleistung bei jeweils optimaler Geschwindigkeitsverstärkung

Vergleicht man diese Verläufe mit den zugehörigen Laststeifigkeiten (Bild 4.21) sind folgende Zusammenhänge erkennbar:

- Bei den Reglern 2. Ordnung wird mit der Regelungsstruktur RS3 (Geschwindigkeit aus Lage differenziert) die höchste Laststeifigkeit erzielt.

- Mit den Zustandsreglern 3. Ordnung kann nahezu die doppelte Laststeifigkeit erzielt werden.

- Bei den untersuchten Regelsystemen ergibt sich bei derselben Laststeifigkeit auch annähernd dieselbe Rauschverlustleistung als Folge der Quantisierung.

- Eine Verringerung des Quantisierungseinflusses bei gleicher Meßsystemauflösung ist nur auf Kosten der Laststeifigkeit möglich.

- Die höhere Laststeifigkeit der Regler 3. Ordnung hat eine um mehr als den Faktor 10 höhere Rauschverlustleistung zur Folge.

- Bei reduzierter Laststeifigkeit sind sehr hohe Geschwindigkeitsverstärkungen möglich.

Für den P/PI-Kaskadenregler resultieren aus den Bildern 4.22, 4.24 und 4.27 folgende Zusammenhänge:

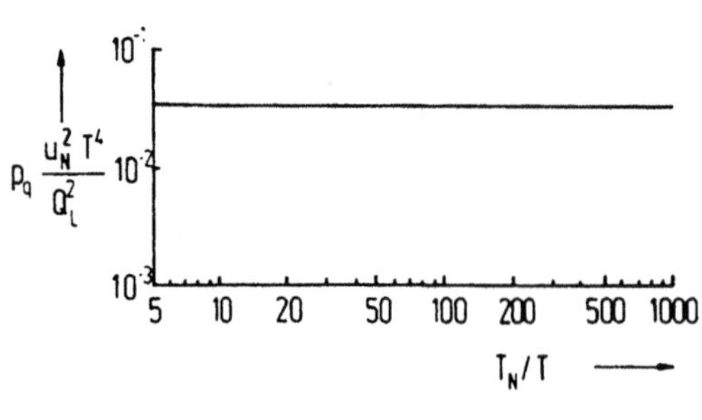

Bild 4.27 : Bezogene Rauschverlustleistung des P/PI-Kaskadenreglers bei jeweils optimaler Geschwindigkeitsverstärkung

- Die Rauschverlustleistung ist bei jeweils optimaler Geschwindigkeitsverstärkung nahezu konstant.

- Die dynamische Laststeifigkeit nimmt mit sinkender Nachstellzeit geringfügig zu.

- Bei sprungförmigen bzw. hochfrequenten Störkräften ergibt sich durch das Integralverhalten keine wesentliche Verbesserung der Laststeifigkeit gegenüber Reglern mit reinem P-Verhalten.

4.8 Beurteilung der untersuchten Regelungsstrukturen

Die Regelungsstruktur, die Abtast- und Rechentotzeit, Parameterunsicherheiten und die Meßsystemauflösung haben einen signifikanten Einfluß auf die erreichbare Geschwindigkeitsverstärkung und Laststeifigkeit sowie auf die Laufruhe von Direktantriebssystemen.

Unabhängig von der jeweiligen Regelungsstruktur gelten folgende Zusammenhänge:

Geschwindigkeitsverstärkung:

$$K_v \sim 1/T \qquad (4.44)$$

Dynamische Laststeifigkeit:

$$c_{dyn} \sim 1/T^2 \qquad (4.45a)$$

$$c_{dyn} \sim m \qquad (4.45b)$$

Quantisierungseinfluß auf die Verlustleistung:

$$p_q \sim 1/T^4 \quad (4.46a)$$

$$p_q \sim Q_L^2 \quad (4.46b)$$

Quantisierungseinfluß auf das Stellsignal:

$$\sigma_L \sim 1/T^2 \quad (4.47a)$$

$$\sigma_L \sim Q_L \quad (4.47b)$$

Weiterhin besteht ein enger Zusammenhang zwischen Laststeifigkeit und Quantisierungseinflüssen.

Bei den Zustandsreglern 2. Ordnung liefert die Lösung, bei welcher die Geschwindigkeit durch zeitdiskretes Differenzieren aus der Lage ermittelt wird (RS3), bei vorgegebener Abtastzeit die höchste Laststeifigkeit. Hinzu kommt ein günstiges Verhältnis zwischen Quantisierungseinflüssen und Laststeifigkeit und ein geringer Realisierungs- und Inbetriebnahmeaufwand.

Bei den Zustandsreglern 3. Ordnung bildet die Variante RS8 mit dem modifizierten reduzierten Beobachter (z_B = 0,7) ein Optimum bezüglich Laststeifigkeit und Geschwindigkeitsverstärkung. Bei gleicher Abtastzeit ermöglicht diese Regelungsstruktur gegenüber der Variante RS3 etwa die doppelte Laststeifigkeit und Geschwindigkeitsverstärkung. Dies muß jedoch durch eine etwa um den Faktor 15 höhere Rauschverlustleistung und einen deutlich höheren Realisierungs- und Inbetriebnahmeaufwand erkauft werden.

Steht eine ausreichende Rechnerleistung zur Verfügung, ist es meist günstiger, die einfachere Regelungsstruktur RS3 bei reduzierter Abtastzeit zu verwenden. Durch eine Halbierung der Abtastzeit wird bei etwa der gleichen Geschwindigkeitsverstärkung und Rauschverlustleistung gegenüber RS8 mit unveränderter Abtastzeit die doppelte Laststeifigkeit erzielt. Allerdings ist darauf zu achten, daß bei der Regelungsstruktur RS3 die Rechentotzeit ein Viertel der Abtastzeit nicht übersteigen darf.

Regler mit Integralverhalten sollten nur beim Auftreten wesentlicher niederfrequenter Störkräfte eingesetzt werden. Von den untersuchten Regelungsstrukturen erfüllte nur der P/PI-Kaskadenregeler die geforderten Anforderungen an die Robustheit.

Im Einzelfall kann eine Auswahl der für die jeweilige Anwendung optimalen Regelungsstruktur nur anhand der gegebenen Randbedingung bezüglich

- der geforderten statischen und dynamischen Genauigkeit,
- der verfügbaren Rechenleistung,
- der vorhandenen Meßsystemauflösung und
- der auftretenden Reibungs- und Bearbeitungskräfte

getroffen werden.

5 Untersuchung und Vergleich von Vorsteuerverfahren

Wie im vorigen Kapitel gezeigt wurde, ist eine beliebige Erhöhung der Geschwindigkeitsverstärkung wegen der endlichen Auflösung der Wegmeßsysteme und der begrenzten Rechenleistung der Regelungsrechner nicht möglich. Theoretisch kann durch geeignete Vorsteuerverfahren der statische und dynamische Schleppabstand nahezu eliminiert werden /34, 35/. Da bei einer Vorsteuerung, im Gegensatz zu einer Regelung, kein Vergleich zwischen Soll- und Ausgangsgröße durchgeführt wird, kann die Vorsteuerung nicht auf

- Parameterschwankungen,
- Modellfehler sowie
- Reib- und Störkräfte

reagieren. Der Einsatz von Vorsteuerungen ist daher nur in Verbindung mit einer leistungsfähigen Regelung sinnvoll, die den Einfluß von Parameterschwankungen und Störkräften ausreichend unterdrückt.

Es existieren eine Reihe von Vorsteuerverfahren zur Reduzierung des Schleppfehlers. Diese werden nachfolgend kurz beschrieben und gegenübergestellt. Desweiteren werden neuartige Vorsteuerverfahren vorgestellt. Grundsätzlich lassen sich alle Vorsteuerverfahren als digitale Filter beschreiben. Dabei können zwei Klassen, nämlich

- Transversalfilter und
- Rekursive Filter

unterschieden werden. Sehr häufig werden deren englische Bezeichnungen verwendet. Transversalfilter werden als Finite Impulse Response Filter (FIR), rekursive Filter als Infinite Impulse Response Filter (IIR) bezeichnet.

Im folgenden wird die Regelungsstruktur RS3 (Bild 4.8) zugrunde gelegt. Die Ergebnisse sind direkt auf die anderen

Regelungsstrukturen übertragbar. Die Übertragungsfunktion des geschlossenen Regelkreises ergibt sich zu:

$$F_F(z) = \frac{x_1(z)}{w_1(z)} = \frac{k_v\ k_2(a_1 z + a_2 z^2 + a_3 z^3)}{b_0 + b_1 z + b_2 z^2 + b_3 z^3 + z^4} \qquad (5.1)$$

mit:

$a_1 = 0,5 k_s \theta^2;$ $\qquad b_0 = -0,5 k_p k_s \theta^2$

$a_2 = k_s(0,5+\theta-\theta^2);$ $\qquad b_1 = 0,5 k_v k_p k_s \theta^2 + k_p k_s(-0,5-\theta+1,5\theta^2)$

$a_3 = 0,5 k_s(1-2\theta+\theta^2);$ $\qquad b_2 = 1+k_v k_p k_s(0,5+\theta-\theta^2)+k_p k_s(2\theta-1,5\theta^2)$

$b3 = -2 + 0,5 k_v k_p k_s(1-\theta)^2 + 0,5 k_p k_s(1-\theta)^2 .$

Bild 5.1a,b zeigt das Positionierverhalten bei einer Abtastzeit von T = 0,5 ms, wenn mit einer Geschwindigkeit von 0,25 m/s, einer Beschleunigung von 10 m/s^2 und einem Ruck von 5000 m/s^3 um 20 mm verfahren wird.

5.1 Vorsteuerverfahren

5.1.1 Transversalfilter

Die zur Zeit am weitesten verbreiteten Transversalfilter sind die Geschwindigkeits-, sowie die Geschwindigkeits- und Beschleunigungsvorsteuerung /36/. Beide Verfahren entstammen zeitkontinuierlichen Systembetrachtungen. Hierbei werden zusätzlich zum Lagesollwert auch die Geschwindigkeits- und Beschleunigungssollwerte mit Faktoren gewichtet dem Lageregler aufgeschaltet. Modifizierte Verfahren schalten diese Größen nicht dem Lageregler, sondern den unterlagerten Geschwindigkeits- bzw. Stromreglern auf /35,37/. Diese Verfahren sind jedoch mathematisch ineinander überführbar.

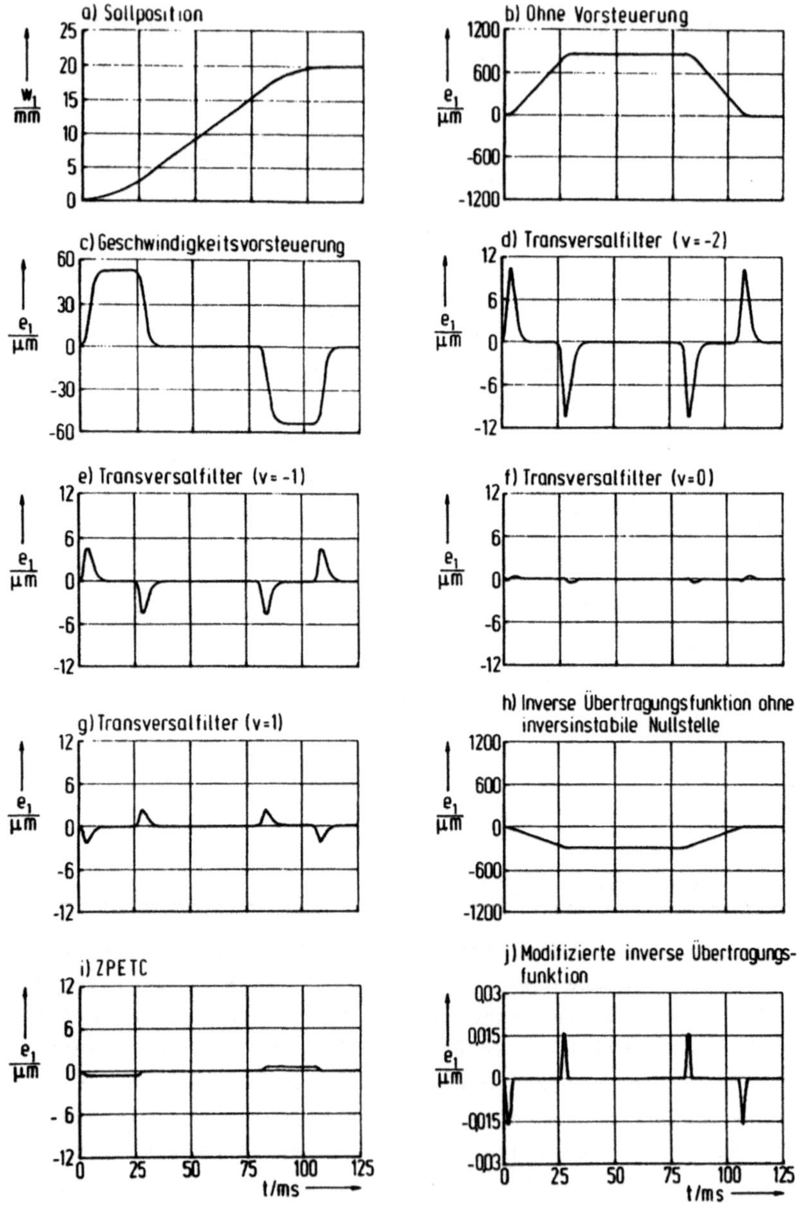

Bild 5.1 : Positionierverhalten des Nominalsystems mit unterschiedlichen Vorsteuerverfahren

Zur Erzeugung der Geschwindigkeits- und Beschleunigungssollwerte wird bei digitalen Systemen der Differentialquotient durch den Differenzenquotienten angenähert. Der Geschwindigkeitssollwert w_2 ergibt sich damit zu

$$w_2(k) = w_1(k) - w_1(k-1). \tag{5.2}$$

Der Beschleunigungssollwert w_3 errechnet sich zu

$$w_3(k) = w_1(k) - 2w_1(k-1) + w_1(k-2). \tag{5.3}$$

Diese beiden Vorsteuerverfahren sind Sonderfälle eines allgemeinen Transversalfilters

$$P(z) = (p_0 + p_1 z + p_2 z^2 + \ldots + p_n z^n)\, z^v. \tag{5.4}$$

Bei der reinen Geschwindigkeitsvorsteuerung ergeben sich folgende Koeffizienten

$$p_0 = -\frac{1}{k_v}\;;\quad p_1 = 1 + \frac{1}{k_v}\;;\quad n = 1\;;\quad v = -1\,. \tag{5.5}$$

Für die Geschwindigkeits- und Beschleunigungsvorsteuerung berechnen sich sie Koeffizienten zu

$$p_0 = \frac{1}{k_v\, k_p}\;;\qquad p_1 = -\frac{1}{k_v} - \frac{2}{k_v\, k_p}; \tag{5.6}$$

$$p_2 = 1 + \frac{1}{k_v} + \frac{1}{k_v\, k_p}\;;\quad n = 2;\quad v = -2\,.$$

Allgemein werden die Koeffizienten so gewählt, daß bei sprung-, rampen- und parabelförmigen Sollverläufen keine stationäre Regelabweichung auftritt.

Aus dem Grenzwertsatz der z-Transformation resultieren somit folgende Bedingungen:

Sprung: $$\lim_{z\to 1} \left[1 - P(z)F_F(z)\right] = 0 \tag{5.7a}$$

Rampe: $$\lim_{z\to 1} \left[\frac{1}{z-1} \left(1 - P(z)F_F(z)\right)\right] = 0 \tag{5.7b}$$

Parabel: $$\lim_{z\to 1} \left[\frac{2}{(z-1)^2} \left(1 - P(z)F_F(z)\right)\right] = 0 \tag{5.7c}$$

Die Verwendung weiterer Bedingungen bringt bei den hier betrachteten Regelstrecken keine Verbesserung. Die Ordnung des Polynoms P(z) wird daher zweckmäßigerweise auf n = 2 festgelegt.

Die Geschwindigkeitsvorsteuerung bewirkt nur bei rampenförmigen Sollwertverläufen stationäre Schleppabstandsfreiheit. Schon bei parabelförmigen Sollwerten ergibt sich eine bleibende Regelabweichung (Bild 5.1c). Dagegen hat die klassische Beschleunigungs- und Geschwindigkeitsvorsteuerung auch bei parabelförmigen Sollwertverläufen keinen stationären Schleppfehler (Bild 5.1d).

Die dynamischen Regelabweichungen können durch entsprechende Wahl des Exponenten v erheblich beeinflußt werden. Bisher wurden nur kausale Transversalfilter betrachtet, d.h. es wurden nur aktuelle und vergangene Sollwerte verwendet. Hierfür gilt:

$$v \leq -n \ . \tag{5.8}$$

Wird $v > -n$ gewählt, so werden anders als bisher auch zukünftige Sollwerte berücksichtigt. Bei Bahnsteuerungen stellt diese Nichtkausalität keine Einschränkung dar, da hier der zukünftige Sollwertlauf stets bekannt ist. Auch bei Zwangskopplung /36, 38/ können die zukünftigen Sollwerte mit sehr guten Resultaten geschätzt werden /8/. Die Bilder 5.1e..g zeigen die sich ergebenden Schleppabstände für unterschiedliche Werte von v. Die besten Ergebnisse werden mit v = 0 erreicht. In den Zeitbereich übertragen, bedeutet dies, daß der Sollwert für den Lageregler aus dem aktuellen und zwei zukünftigen Sollwerten berechnet wird.

5.1.2 Rekursive Filter

Bei zeitkontinuierlichen Antriebssystemen kann, zumindest theoretisch, durch Vorschalten der inversen Übertragungsfunktion ein ideales Übertragungsverhalten erreicht werden. Bei zeitdiskreten Systemen führt dies in der Regel zu nichtkausalen Übertragungsfunktionen. Zudem scheitert die Invertierung an der mangelnden Inversstabilität. Bei allen zeitdiskreten Modellen von Antriebssystemen befindet sich mindestens eine Nullstelle außerhalb oder auf dem Einheitskreis.

Die Übertragungsfunktion des Lageregelkreises kann in der Form

$$F_F = \frac{B^+(z)\ B^-(z)}{A(z)} \tag{5.9}$$

dargestellt werden. Im Polynom $B^+(z)$ sind die inversstabilen, in $B^-(z)$ die inversinstabilen Nullstellen enthalten. Bei der Inversion führt das Polynom $B^-(z)$ zur Instabilität des inversen Modells. Bei der hier betrachteten Klasse von Antriebssystemen (Gl. 5.1) liegen die Nullstellen bei

$$z_{1/2} = \frac{-1 - 2\theta + 2\theta^2 \pm \sqrt{1 + 4\theta - 4\theta^2}}{2(1 - \theta)^2} \tag{5.10}$$

für $\theta = 0{,}25$ ergibt sich:

$$z_1 = -0{,}046 \text{ (inversstabil)} \tag{5.11}$$
$$z_2 = -2{,}398 \text{ (inversinstabil)}.$$

Es gibt verschiedene Vorschläge, wie diese Nullstellen bei der Inversion zu behandeln sind. Diese sollen im folgenden eingehender betrachtet werden.

Inverse Übertragungsfunktion ohne inversinstabile Nullstellen

Die einfachste Möglichkeit, das Problem zu umgehen, ist der Verzicht auf die Inversion der inversinstabilen Nullstellen. Das Vorfilter hat dann die Form

$$F_v = \frac{1}{|B^-(1)|} \frac{A(z)}{B^+(z)} . \qquad (5.12)$$

Bild 5.1h zeigt den Verlauf des resultierenden Schleppfehlers. Es ergibt sich ein negativer Schleppfehler. Dabei verringert sich der Betrag lediglich um etwa den Faktor 3 gegenüber dem System ohne Vorsteuerung (Bild 5.1b).

ZPETC-Verfahren

Bei dem häufig vorgeschlagenen Verfahren nach Tomizuka /39, 40/, Zero Phase Error Tracking Controller (ZPETC), werden die inversinstabilen Nullstellen nicht invertiert, sondern am Einheitskreis gespiegelt. Das Vorfilter hat somit folgende Form

$$F_v = \frac{1}{|B^-(1)|^2} \frac{A(z)\, B^-(z^{-1})}{B^+(z)} . \qquad (5.13)$$

Der resultierende Schleppfehlerverlauf ist in Bild 5.1i dargestellt. Er hat den gleichen zeitlichen Verlauf wie die reine Geschwindigkeitsvorsteuerung; während den Beschleunigungs- und Verzögerungsphasen ergibt sich ein stationärer Regelfehler.

Die maximale Abweichung ist jedoch deutlich geringer. Gegenüber dem System ohne Vorsteuerung ergibt sich eine Verringerung des Schleppfehlers etwa um den Faktor 1000.

Modifizierte inverse Übertragungsfunktion

Als Alternative zum ZPETC-Verfahren wird hier ein neuartiges Verfahren vorgeschlagen. Hierbei wird die Übertragungsfunktion ohne die inversinstabilen Nullstellen invertiert:

$$F_v^* = \frac{A(z)}{B^+(z)} \quad . \tag{5.14}$$

Die somit gewonnene Übertragungsfunktion F_v^* wird mit einem Polynom 2. Ordnung

$$P(z) = p_0 + p_1 z + p_2 z^2 \tag{5.15}$$

multipliziert. Das Vorfilter berechnet sich damit zu

$$F_v = P(z)\, F_v^*(z) = P(z)\, \frac{A(z)}{B^+(z)} \quad . \tag{5.16}$$

Die Koeffizienten des Polynoms P(z) werden über Grenzwertbetrachtungen entsprechend den Gleichungen 5.7a..c bestimmt. Es resultieren folgende Beziehungen:

Sprung: $$\lim_{z\to 1} \left(1 - P(z)\, B^-(z)\right) = 0 \tag{5.17a}$$

Rampe: $$\lim_{z\to 1} \left(\frac{1}{z - 1} \left(1 - P(z)\, B^-(z)\right)\right) = 0 \tag{5.17b}$$

Parabel: $$\lim_{z\to 1} \left(\frac{2}{(z - 1)^2} \left(1 - P(z)\, B^-(z)\right)\right) = 0 \tag{5.17c}$$

Für den sehr häufig auftretenden Fall einer einfachen invers-instabilen Nullstelle

$$B^{-}(z) = z - z_0 \tag{5.18}$$

resultiert für die Koeffizienten des Polynoms P(z) folgendes Gleichungssystem:

$$(1-z_0)p_0 + (1-z_0)p_1 + (1-z_0)p_2 = 1 \tag{5.19a}$$

$$p_0 + (2-z_0)p_1 + (3-2z_0)p_2 = 0 \tag{5.19b}$$

$$p_1 + (3-z_0)p_2 = 0 \tag{5.19c}$$

In Bild 5.1j ist der sich ergebende Schleppfehler sehr gering. Die maximale Abweichung beträgt nur ca. 15 nm und ist somit um etwa den Faktor 50.000 geringer als ohne Vorsteuerung und etwa 50 mal geringer als mit dem ZPETC-Verfahren.

5.2 Einfluß von Parameterschwankungen

In Bild 5.2 sind die Schleppabstände dargestellt, welche sich mit der Parameterunsicherheit nach Gl. 3.11 ergeben. Die Parameterunsicherheit bewirkt eine erhebliche Zunahme des maximalen Schleppfehlers. Die besten Ergebnisse werden nach wie vor mit dem modifizierten inversen Vorfilter, dem ZPETC-Verfahren und dem Transversalfilter mit v = 0 erzielt. In diesen Fällen ergeben sich bei den extremen Parameterabweichungen annähernd dieselben Zeitverläufe. Während den Beschleunigungsphasen beträgt der maximaler Schleppfehler etwa 14 µm.

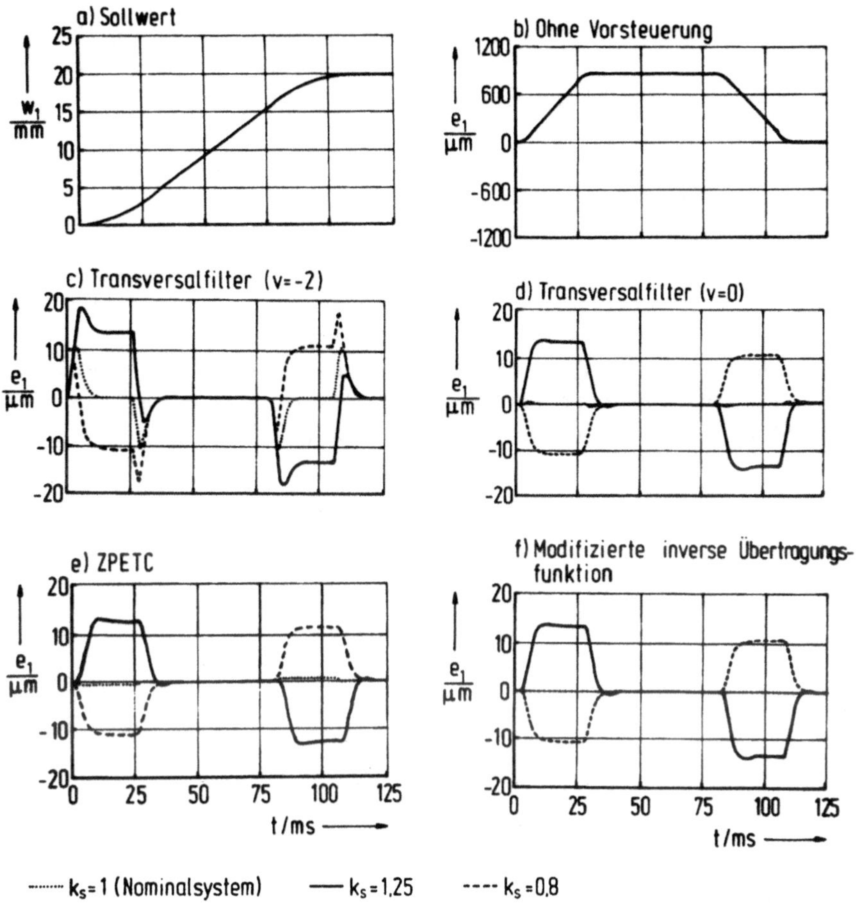

Bild 5.2 : Positionierverhalten bei Parameterunsicherheit (+25%; -20%)

Bewertung

Durch den Einsatz von Vorsteuerverfahren kann der Schleppabstand von Bewegungsachsen erheblich reduziert werden. Es wurden eine Reihe von Vorsteuerverfahren gegenübergestellt. Das

Vorschalten der inversen Übertragungsfunktion scheitert zunächst an deren Nichtkausalität und Instabilität. Die Nichtkausalität stellt bei numerischer Steuerung keine Einschränkung dar, da der zukünftige Bahnverlauf im voraus bekannt ist.

Das Problem der Inversinstabiltät wurde durch einen neuartigen Ansatz der modifizierten inversen Übertragungsfunktion gelöst. Der verbleibende Regelfehler ist um einige Größenordnungen geringer als bei vergleichbaren Verfahren. Die beim praktischen Einsatz unvermeidbaren Parameterschwankungen führen jedoch zu einer erheblichen Zunahme des Schleppfehlers. Unter dieser Randbedingung und unter Berücksichtigung des Implementierungs- und Inbetriebnahmeaufwandes bietet das nichtkausale Transversalfilter 2. Ordnung die meisten Vorteile.

6 Bahnverhalten

Bisher wurde das Regelverhalten nur auf Achsebene betrachtet. Ausschlaggebend für eine numerisch gesteuerte Maschine ist jedoch deren Bahnverhalten. Grundvoraussetzung für ein befriedigendes Bahnverhalten ist eine ausreichende Dämpfung und eine hohe Geschwindigkeitsverstärkung. Bei der in numerisch gesteuerten Fertigungseinrichtungen fast ausschließlich verwendeten Bahnsteuerung /38/ kommt die Forderung nach gleichen Geschwindigkeitsverstärkungen und Regeldynamiken der an der Bahnbewegung beteiligten Antriebssysteme /33/ hinzu.

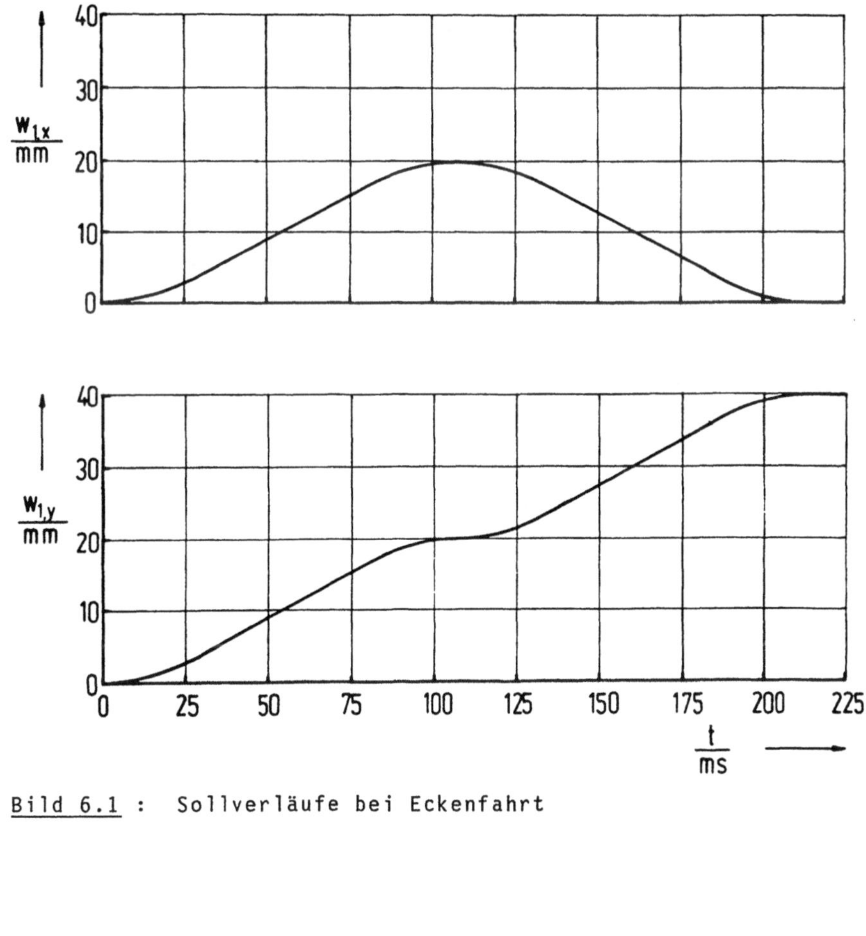

Bild 6.1 : Sollverläufe bei Eckenfahrt

Auch wenn diese Forderungen eingehalten werden, ergeben sich je nach Regelungsstruktur unterschiedliche Bahnfehler. Nachfolgend wird das Bahnverhalten anhand der Eckenfahrt eines Kreuztisches beurteilt. In Bild 6.1 sind die Sollverläufe der Einzelachsen dargestellt. An den Ecken wird ruckbegrenzt (v = 5000 m/s^3) mit einer Beschleunigung von a = 10 m/s^2 verzögert bzw. beschleunigt. Die Verzögerungs- und der Beschleunigungsphasen gehen dabei ohne zeitliche Verzögerung ineinander über. Die Achsgeschwindigkeit beträgt v = 15 m/min. Die Abtastzeit liegt bei T = 0,5 ms.

6.1 Bahnverhalten ohne Vorsteuerung

Bild 6.2 zeigt die Bahnverläufe für die optimalen Zustandsregler 2. Ordnung (RS3) und 3. Ordnung (RS8). Ohne Parameterunsicherheiten beträgt die Eckenabweichung 6 bzw. 2 µm. Für die Extremwerte der Parameterunsicherheiten nach Gl. 3.7 ergeben sich erheblich größere Bahnfehler. Sie liegen bei 17 bzw. 9 µm. Der Zustandsregler 3. Ordnung schneidet im Vergleich zum Regler 2. Ordnung erwartungsgemäß besser ab.

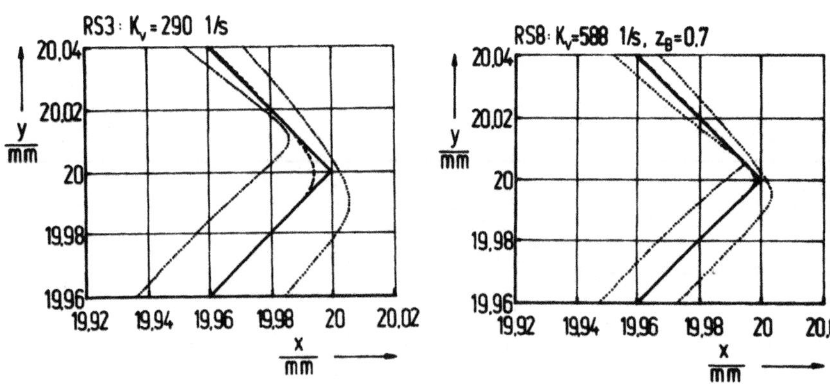

Bild 6.2 : Bahnverhalten bei Eckenfahrt mit den Regelungsstrukturen RS3 und RS8

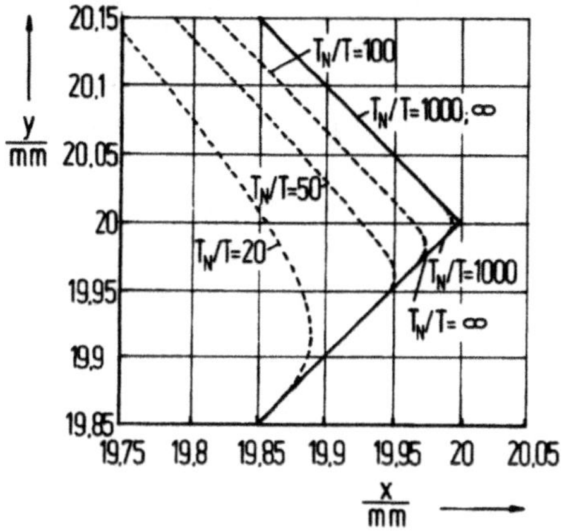

<u>Bild 6.3</u> : Bahnverhalten des P/PI-Kaskadenreglers bei Eckenfahrt und unterschiedlichen Nachstellzeiten

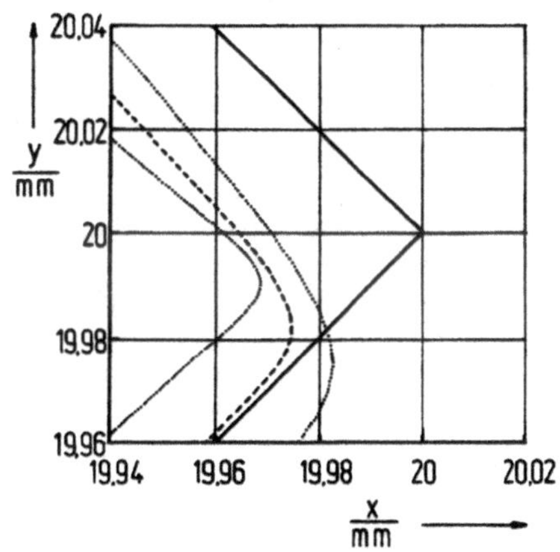

<u>Bild 6.4</u> : Bahnverhalten des P/PI-Kaskadenreglers bei Parameterunsicherheit (T_N=50ms; T=0,5ms)

<u>Bild 6.3</u> zeigt die Bahnverläufe bei Regelung mit dem P/PI-Kaskadenregler bei unterschiedlichen Nachstellzeiten T_N für das Nominalsystem. Der P/PI-Regler bewirkt insbesondere bei kleinen Nachstellzeiten ein wesentlich schlechteres Bahnverhalten.

Die Ursache für dieses Verhalten liegt darin, daß der PI-Regler den Schleppabstand beim Positionieren relativ langsam abbaut. Wird an der Ecke angehalten, ergibt sich ein deutlich günstigerer Bahnverlauf. Dies ist jedoch in vielen Fällen aus technologischen und wirtschaftlichen Gründen nicht erwünscht.

Die Verschlechterung des Bahnverhaltens ist für Nachstellzeiten von $T_N \geq 100$ T tolerierbar. Bei $T_N = 100$ T ergibt sich unter Berücksichtigung der Parameterunsicherheiten gegenüber dem reinen P-Regler etwa die doppelte Bahnabweichung (Bild 6.4).

6.2 Bahnverhalten mit Vorsteuerung

Für das Nominalsystem bewirkt das kausale Transversalfilter ($v = -2$) eine Eckenabweichung von etwa 15 µm (Bild 6.5). Sie ist damit gegenüber der Regelung ohne Vorsteuerung (5 µm) deutlich schlechter. Bei allen anderen Vorfiltern ist der Bahnfehler kleiner als 1 µm.

Werden die Parameterunsicherheiten nach Gl. 3.11 zugrunde gelegt, ergeben sich für die Extremfälle die in Bild 6.6 darge-

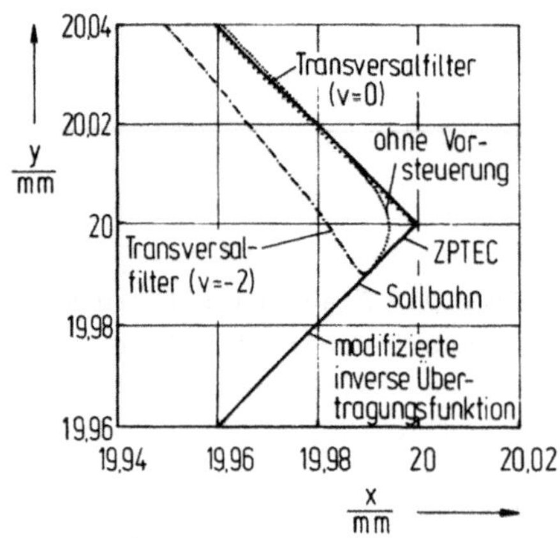

Bild 6.5 : Bahnverhalten mit verschiedenen Vorsteuerverfahren

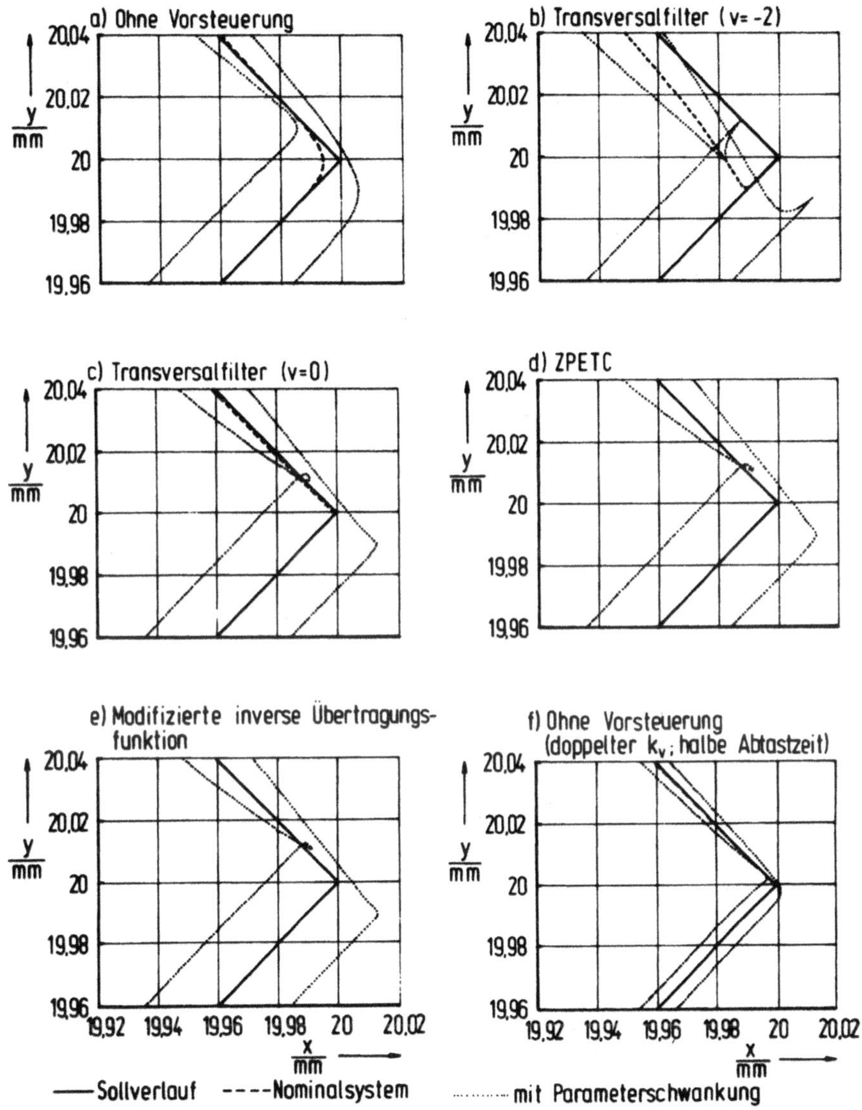

Bild 6.6 : Bahnverhalten mit verschiedenen Vorsteuerverfahren bei Parameterunsicherheit

stellten Bahnverläufe. Es ist deutlich zu erkennen, daß die Bahnfehler im wesentlichen von den Parameterschwankungen abhängen. Der Einsatz von Vorfiltern bringt unter diesen Randbedingungen keine Verbesserung der Bahngenauigkeit.

Eine Verbesserung der Bahngenauigkeit ist nur über eine Verringerung der Abtastzeit und einer damit möglichen Erhöhung der Geschwindigkeitsverstärkung möglich. In Bild 6.6f ist der Bahnverlauf bei halber Abtastzeit und doppelter Geschwindigkeitsverstärkung dargestellt. Es resultiert eine erhebliche Verbesserung der Bahntreue.

7 Realisierte Direktantriebssysteme und Regelungen

Im Verlauf der Arbeit wurden eine Reihe von Direktantriebssystemen entwickelt und untersucht. Für die in den vorangegangenen Abschnitten bezüglich des Regelverhaltens gemachten Aussagen wurde der praktische Nachweis erbracht. Der Aufbau der Antriebssysteme und Regelkreise sowie das Resultat der Untersuchung werden in diesem Abschnitt geschildert.

7.1 Realisierte Direktantriebssysteme

7.1.1 Kreuztisch mit Einzelkamm-Linear-Asynchronmotoren

Zur direkten Erzeugung von Linearbewegungen wurde ein Einzelkamm-Linear-Asynchronmotor entwickelt /41/. Dieser Motor war Grundlage für eine Produktreihe von Linear-Asynchronmotoren, die inzwischen industriell gefertigt und vertrieben werden.

Bild 7.1 : Versuchsstand für Einzelkamm-Linear-Asynchronmotoren

Bild 7.1 zeigt den aus dieser Entwicklung hervorgegangenen Versuchsstand. Der Linearmotor entspricht in seinem prinzipiellen Aufbau dem eines äquivalenten rotatorischen Motors, der aufgetrennt und in die Ebene abgewickelt wurde (s. Bild 2.2). Bedingt durch die bei Motoren übliche Zweischichtwicklung erhöht sich die Polzahl des Motors beim Übergang vom rotatorischen Motor zum Linearmotor um eins /41/. An den Motorenden ergibt sich je ein nur halb bewickelter Pol. Die Luftspaltlänge erhöht sich entsprechend. Das Sekundärteil besteht aus in Eisenblechen eingelegten Kupferstäben, die über einen Steg kurzgeschlossen sind.

Der Motor besitzt ohne Zusatzkühlung eine Nennkraft von ca. 500 N und eine Spitzenkraft von etwa 2000 N. Die Anziehungskräfte zwischen Primär- und Sekundärteil betragen etwa 9000 N. Der Stator ist an einem Schlitten mit einer Masse von etwa 40 kg befestigt. Zur Lagerung sind Linearführungen mit Kugelumlaufschuhen eingesetzt. Um unterschiedliche Lastzustände simulieren zu können, wurde der Versuchsstand mit zwei Schlitten ausgestattet (Bild 7.1).

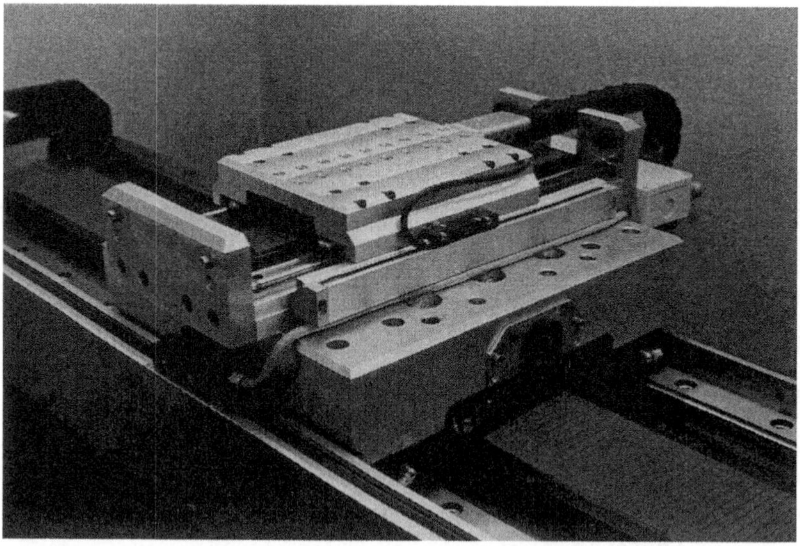

Bild 7.2 : Kreuztisch mit Linear-Asynchronmotoren

	Achse 1	Achse 1'	Achse 2
Nennkraft	500 N	450 N	100 N
Spitzenkraft	2000 N	1600 N	350 N
Anzugskraft	9000 N	9000 N	1800 N
Kraftwelligkeit bezogen auf aktuelle Kraft	5-10 %	5-10 %	5-10 %
bewegte Masse	75 kg	50 kg	7 kg
mit Zusatzmasse	90 kg	-	22 kg
Spitzenbeschleunigung			
ohne Zusatzmasse	25 m/s^2	30 m/s^2	45 m/s^2
mit Zusatzmasse	21 m/s^2	-	15 m/s^2
Meßsystemauflösung (bei v_{max} = 18 m/min)	0,2 µm	1 µm	0,2 µm
Lagerkräfte	80 N	80 N	30 N

Tabelle 7.1 : Daten der Achsen des Kreuztisches

Der Versuchsstand wurde zu einem Kreuztisch erweitert. Hierzu wurde eine kleinere Linearachse auf einem der beiden Schlitten angebracht (Bild 7.2). Eine Gewichtsoptimierung der Komponenten des Antriebssystems wurde aus Kostengründen nicht durchgeführt. In Tabelle 7.1 sind die Daten der drei Motoren aufgeführt. Auf Achse 2 kann zur Simulation von Werkstücken o.ä. eine Zusatzmasse von 15 kg aufgebracht werden.

7.1.2 Doppelkamm-Linear-Asynchronmotor

Für das Unrunddrehen von Kolben wurde ein Antriebssystem basierend auf einem Doppelkamm-Asynchronmotor entwickelt und aufgebaut /8/. An das Antriebssystem wurden folgende Anforderungen gestellt:

Sollbewegung:	sinusähnliche Oszillation
Oszillationsfrequenz:	≥ 100 Hz
Hub:	≤ 0,4 mm
Bearbeitungskräfte:	< 100 N
Bearbeitungsgenauigkeit:	≤ 3 µm

Der Antrieb (Bild 7.3) liefert eine Spitzenkraft von 900 N bei einer bewegten Masse von 5,4 kg einschließlich Meißelhalter und Meißel. Es werden Beschleunigungswerte von über 160 m/s² erreicht. Zur Lagerung werden hydrostatische Führungen verwendet. Die Primärteile des Motors sind identisch mit denen von Einzelkammotoren. Der Luftspalt und die Rücken der Primärteile werden mit gekühltem Öl (ca. 30°C) durchströmt, so daß sich eine optimale Wärmeabfuhr ergibt. Die Spitzenkraft von 900 N kann somit auf Dauer aufgebracht werden. Die Kraftwelligkeit liegt je nach Arbeitspunkt im Bereich von 15 - 25% (Spitze - Spitze) der aktuellen Vorschubkraft.

Bild 7.3 : Doppelkamm-Asynchronmotor mit hydrostatischer Lagerung

7.2 Regelungsrechner und Frequenzumrichter

Zur Ansteuerung und Regelung der vorgestellten Antriebssysteme wird im wesentlichen immer die gleiche Hardwarekonfiguration eingesetzt. Bild 7.4 zeigt die Hardwarekonfiguration am Beispiel eines Linearmotors. Die Motorposition wird mittels eines inkrementellen Wegmeßsystems erfaßt und vom Regelungsrechner eingegeben. Der Rechner ermittelt aus dieser Größe und dem Lagesollwert mit Hilfe des jeweiligen Regelalgorithmus' den entsprechenden Kraftsollwert. Aus dem Kraftsollwert, dem Lageistwert und im Rechner abgelegten motorspezifischen Daten werden mit Hilfe des Rechenalgorithmus' für die feldorientierte Regelung die Phasenstromsollwerte für den Motor berechnet.

Diese werden aus Gründen der Störsicherheit mit Hilfe einer eigenentwickelten Lichtleiterkopplung /42/ an den Frequenzumrichter in digitaler Form übertragen. Zur Speisung der Dreh-

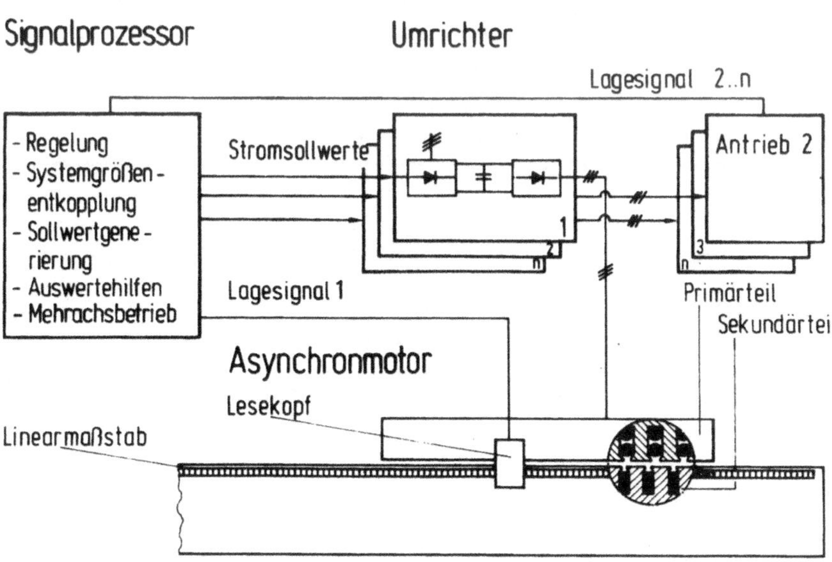

Bild 7.4 : Hardwarekonfiguration eines Linearantriebssystems

stromwicklung des Motors werden als Frequenzumrichter käufliche Geräte mit einem schnellen, zeitdiskreten Zweipunktstromregler /4, 43/ eingesetzt. Mit einem Rechner können mehrere Antriebe betrieben werden.

Da im Verlauf der Arbeit kein Regelungsrechner mit der für Direktantriebe gewünschten Leistungsfähigkeit erhältlich war, wurde ein entsprechendes System entwickelt und aufgebaut /42, 44/.

Basis dieses Systems ist der seit kurzer Zeit verfügbare Fließkomma-Signalprozessor TMS320C30 der Firma Texas Instruments /45/. Das Gesamtsystem besteht aus drei Komponenten (Bild 7.5):

- Signalprozessorkarte mit TMS320C30 (Bild 7.6),
- Speichererweiterungskarten und
- E/A-Grundkarten für je 4 E/A-Module.

Die E/A-Grundkarten können käufliche E/A-Module aufnehmen, so daß die Entwicklung dieser Komponenten, mit Ausnahme der Lichtleiterkopplung, nicht nötig war.

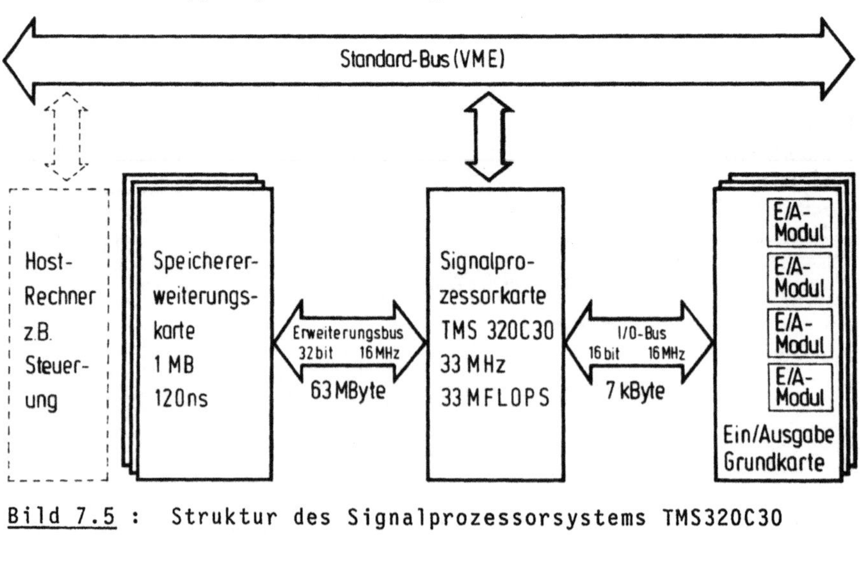

Bild 7.5 : Struktur des Signalprozessorsystems TMS320C30

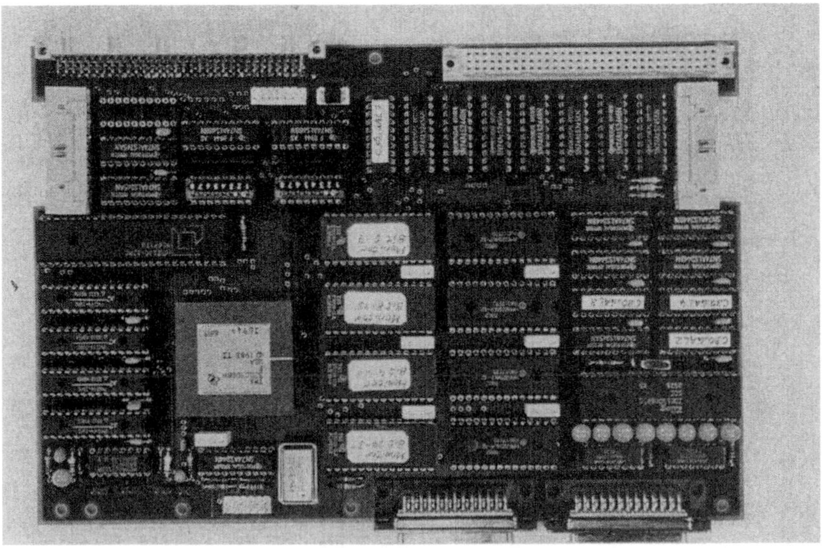

Bild 7.6 : Signalprozessorkarte TMS320C30

Das Rechnersystem ist sehr effektiv in der Hochsprache "C" programmierbar. Das Rechnersystem ermöglicht Abtastzeiten von deutlich unter 100 µs pro Achse, so daß ein System problemlos die gesamte Regelung einer mit hochdynamischen Antrieben ausgestatteten Werkzeugmaschine übernehmen kann.

7.3 Realisierte Regelungen

Die nachfolgend dargestellten Ergebnisse wurden, wenn nichts anderes angegeben wird, mit der Achse 1' des in Abschnitt 7.1.1 beschriebenen Versuchsstandes ermittelt.

Bild 7.7 zeigt den Schleppfehler beim Positionieren mit Achsgeschwindigkeiten von 250 und 1 mm/s bei einer Abtastzeit von T = 1 ms mit unterschiedlichen Reglern. Die Sollbeschleunigung beträgt 10 m/s^2, der Ruck ist auf 5000 m/s^3 begrenzt. Die

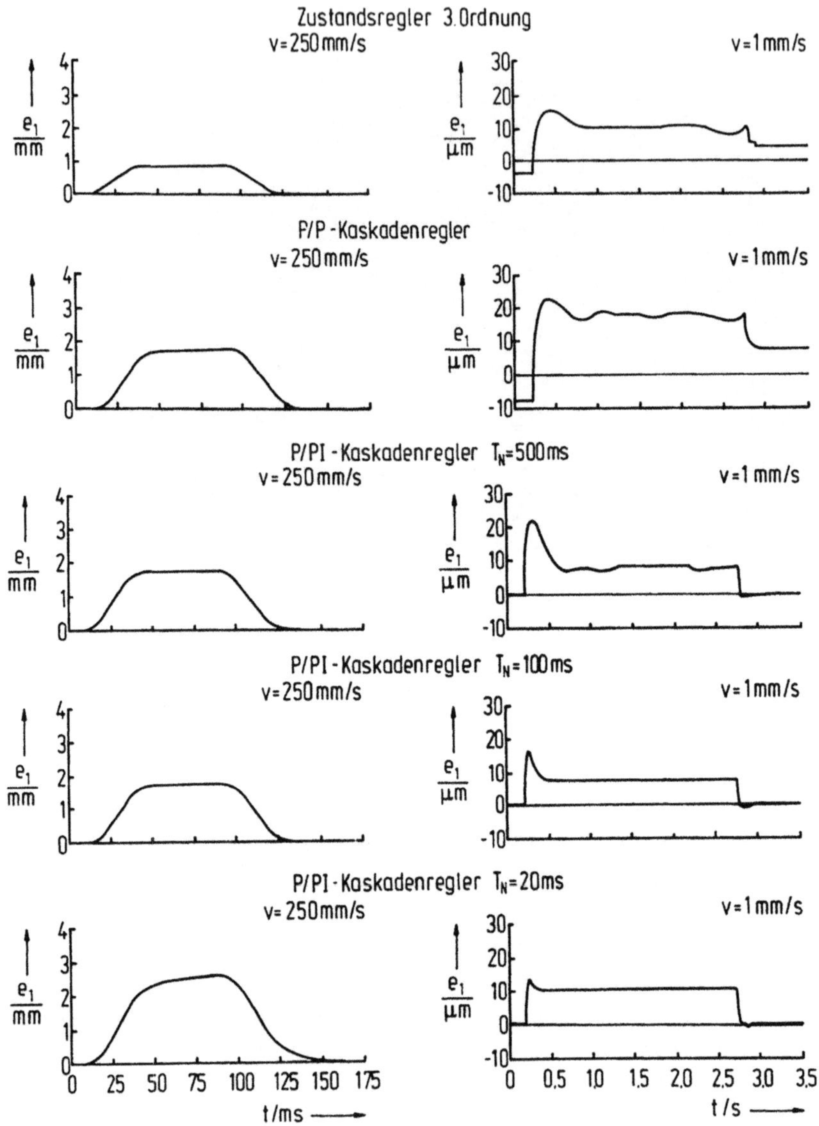

<u>Bild 7.7</u> : Positionierverhalten verschiedener Regler mit hoher und niedriger Verfahrgeschwindigkeit (T=1ms)

Schleppfehler werden bei der höheren Verfahrgeschwindigkeit praktisch nur durch das Führungsverhalten der Regler bestimmt. Bemerkenswert ist das langsame Einschwingen des P/PI-Kaskadenreglers mit einer Nachstellzeit von T_N = 20 ms. Die Schleppfehler bei der geringen Verfahrgeschwindigkeit (v = 1 mm/s) werden zusätzlich sehr stark durch das Reibverhalten der Linearführungen und das Störverhalten der Regler beeinflußt. Die Reibkräfte setzen sich aus folgenden Komponenten zusammen:

- trockene Reibung,
- Haftreibung,
- stochastisch auftretende Reibkräfte.

Die trockene Reibung wird zu einem erheblichen Anteil durch die Dichtlippen der Lager verursacht. Hinzu kommen die Reibanteile der Wälzkörper. Insgesamt beträgt die trockene Reibung etwa 80 N /46/. Die Dichtlippen bewirken zusätzlich einen Haftreibanteil. Die durch die Dichtlippen verursachten Reibkräfte wirken nicht direkt auf den Antrieb, sondern sind über deren Elastiziät angekoppelt. Beim Losfahren kommt es daher nicht zu einem schlagartigen Anstieg dieser Reibungskräfte. Die Anstiegsgeschwindigkeit wird durch die Beschleunigung und Verfahrgeschwindigkeit beeinflußt.

Die stochastischen Reibanteile werden durch den Kugelumlauf verursacht. Tritt eine Kugel aus dem Rücklauf in den tragenden Bereich ein, so muß die entspannte Kugel entsprechend der Vorspannung gequetscht werden. Bei Austritt aus dem tragenden Bereich wird die Kugel wieder entspannt. In beiden Fällen wirken Reaktionskräfte in Bewegungsrichtung. Die Frequenz der Summe dieser Kräfte korreliert mit der Verfahrgeschwindigkeit.

Der Einfluß dieser Kraftkomponenten ist im Schleppfehler deutlich erkennbar (Bild 7.7). Zunächst seien die Schleppfehler (v = 1 mm/s) der Regler mit reinem P-Verhalten betrachtet. Das Überschwingen am Anfang der Bewegung wird durch den Haftreibanteil verursacht. Die nachfolgende Welligkeit im Schleppabstand ist durch die bei dieser Geschwindigkeit niederfrequenten stochastischen Reibanteile bedingt. Für den stationären Positionsfehler vor und nach dem Positioniervorgang ist die trockene Reibung verantwortlich.

Die Regler mit I-Anteil gleichen den Einfuß der trockenen Reibung stationär aus. Mit abnehmender Nachstellzeit wird erwartungsgemäß der stationäre Zustand schneller erreicht. Durch die relativ geringe Anstiegsgeschwindigkeit der Reibkraft beim Losfahren kann auch der maximale Schleppfehler reduziert werden. Auch der Einfluß der hier niederfrequenten stochastischen Reibkräfte wird sehr gut ausgeregelt.

Dem deutlich schlechteren Führungs- und Bahnverhalten des P/PI-Kaskadenreglers steht damit ein wesentlich besseres Positionier- und Gleichlaufverhalten bei geringen Verfahrgeschwindigkeiten gegenüber.

Einfluß der Abtastzeit

In Bild 7.8 sind die Schleppabstände und die zugehörigen Stellgrößen bei hoher Verfahrgeschwindigkeit (v = 250 mm/s) und unterschiedlichen Abtastzeiten dargestellt. Bild 7.9 zeigt die entsprechenden Schleppabstände bei niedriger Geschwindigkeit (v = 1 mm/s).

Die Messungen bestätigen die in Kapitel 4 getroffenen Aussagen:

- Bei einer Halbierung der Abtastzeit verdoppelt sich die erreichbare Geschwindigkeitsverstärkung unabhängig von der gewählten Regelungsstruktur.

- Die Halbierung der Abtastzeit bewirkt eine Vervierfachung des durch die Quantisierung des Meßsystems verursachten Stellgrößenanteils bzw. eine 16-fache Rauschverlustleistung.

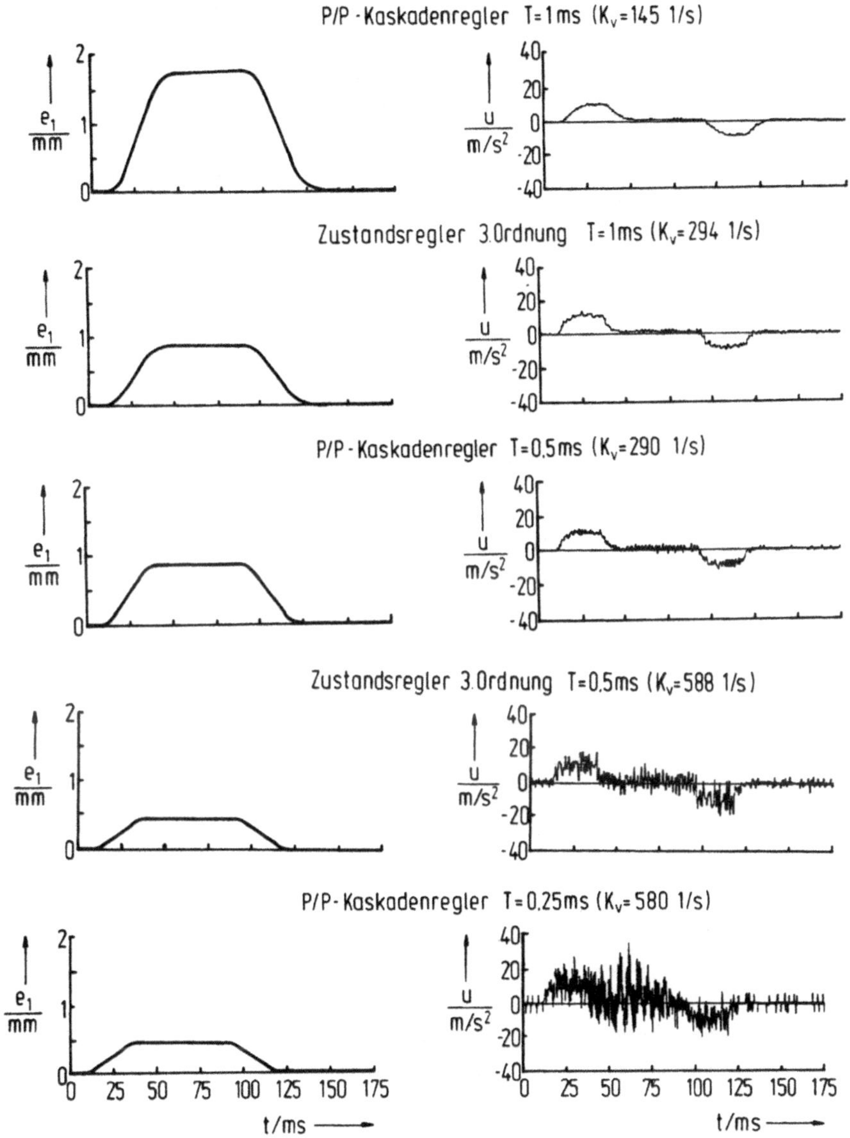

Bild 7.8 : Einfluß der Abtastzeit auf Geschwindigkeitsverstärkung und Quantisierungseinflüsse

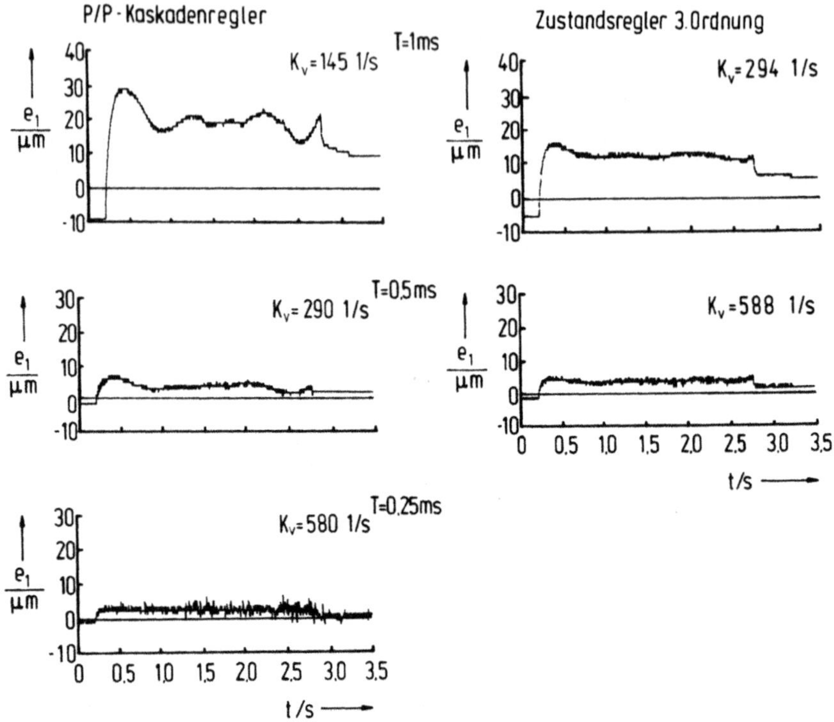

Bild 7.9 : Einfluß der Abtastzeit auf die Laststeifigkeit (v = 1mm/s)

- Eine Halbierung der Abtastzeit führt zu einer um den Faktor 4 höheren Laststeifigkeit (Bild 7.8).

- Der Zustandsregler 3.Ordnung (RS8) besitzt im Vergleich zum P/P-Kaskadenregler (RS3) etwa die doppelte Laststeifigkeit, die vierfachen durch die Quantisierung verursachten Stellgrößenanteile und die doppelte erreichbare Geschwindigkeitsverstärkung.

Vorsteuerung

In Bild 7.10 sind die Schleppabstände des in Abschnitt 7.1.1 beschriebenen Kreuztisches bei Vorsteuerung mit einem nichtkausalen Transversalfilter (vgl. Abschnitt 5.1) dargestellt. Der verbleibende Regelfehler wird gegenüber den Simulationsergebnissen in Bild 5.2 erwartungsgemäß durch die Reibungseinflüße erheblich verschlechtert. Beim Einsatz reibungsarmer Lager ergeben sich deutlich geringere Regelfehler. Den Regelfehler des in Abschnitt 7.1.2 beschriebenen Doppelkamm-Asynchronantriebs mit hydrostatischer Lagerung bei einer Oszillationsfrequenz von 100 Hz zeigt Bild 7.11. Der Antrieb wird mit Hilfe des nichtkausalen Transversalfilters vorgesteuert. Die Abtastzeit des Regelungsrechners liegt bei 100µs, die Geschwindigkeitsverstärkung beträgt K_v = 1450 1/s. Die beiden in Bild 7.11 eingezeichneten Zeitverläufe des Regelfehlers e_1 wurden zeitversetzt aufgenommen. Die unterschiedlichen Verläufe sind durch die Parameterunsicherheit der Streckenverstärkung k_s verursacht. Die Meßergebnisse decken sich sehr genau mit zuvor durchgeführten Simulationen /8/.

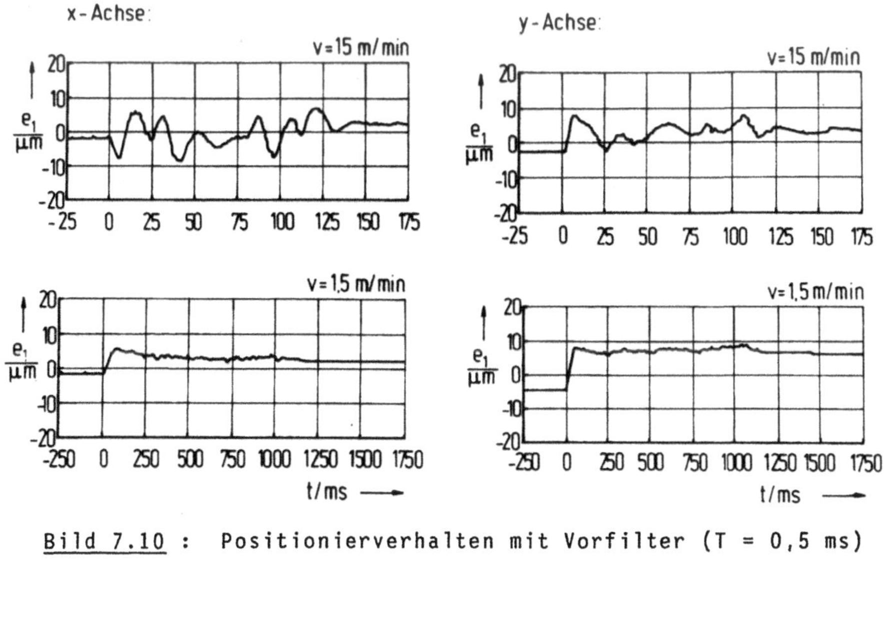

Bild 7.10 : Positionierverhalten mit Vorfilter (T = 0,5 ms)

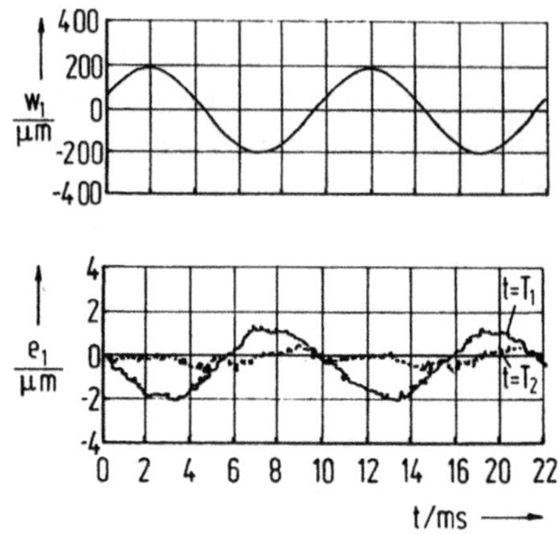

Bild 7.11 : Regelabweichung des Doppelkamm-Antriebs bei sinusförmiger Bewegung (f = 100 Hz; Hub = 0,4 mm; T = 100 µs)

Bahnverhalten

Das Bahnverhalten wurde mit dem in Abschnitt 7.1.1 beschriebenen Kreuztisch aufgenommen. Bild 7.12 zeigt die Bahnverläufe bei Eckenfahrt mit und ohne Vorsteuerung. Es wurden dieselben Sollverläufe und Regler wie bei der Simulation in Kapitel 6 verwendet. Zusätzlich wurde der Bahnverlauf bei einer deutlich niedrigeren Geschwindigkeit aufgenommen. In diesem Fall ergibt sich kein nennenswerter Unterschied im Bahnverhalten zwischen dem Betrieb mit und ohne Vorsteuerung. Die Bahnfehler werden praktisch ausschließlich durch die Reibung verursacht. Bei der hohen Geschwindigkeit ergeben sich dagegen deutliche Unterschiede. Berücksichtigt man die durch die Reibung verursachten Bahnfehleranteile, liegen in beiden Fällen die Abweichungen in dem bei der Simulation ermittelten Toleranzbereich.

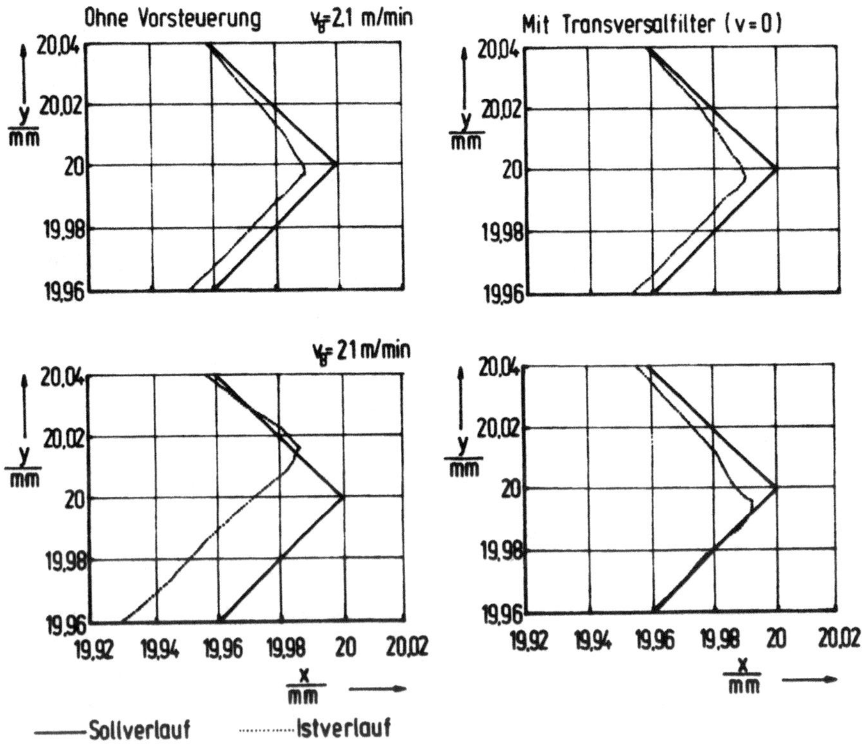

Bild 7.12 : Bahnverhalten bei Eckenfahrt

Zusammenfassung

Die vorliegende Arbeit befaßt sich mit dem Einsatz und der Regelung von elektrischen Direktantrieben in numerisch gesteuerten Fertigungseinrichtungen.

Die möglichen Bauformen und Funktionsprinzipien von Direktantrieben wurden vorgestellt und klassifiziert. Ebenso wurden die Anforderungen an Direktantriebe in Fertigungseinrichtungen diskutiert. Auf die besonderen Anforderungen an die Montage und insbesondere an die Konstruktion von mit Direktantrieben ausgestatteten Fertigungseinrichtungen wurde hingewiesen. Mögliche Einsatzgebiete wurden vorgestellt und die notwendigen Voraussetzungen diskutiert.

Die Vorteile von Direktantrieben - praktisch keine mechanische Eigenfrequenzen und kein Spiel - und die Nachteile - höhere Empfindlichkeit gegenüber Störkräften und Parameterschwankungen - können nur in Verbindung mit einer leistungsfähigen Regelung ausreichend genutzt bzw. beseitigt werden. Das Hauptgewicht der Arbeit liegt daher auf der Untersuchung und Optimierung geeigneter praxistauglicher Regelungsstrategien.

Hierbei wurde den für eine praktische Realisierung wichtigen Einflußgrößen Rechentotzeit, Parameterunsicherheiten und Meßsystemauflösung besondere Aufmerksamkeit gewidmet. Der Einfluß dieser Größen und der der Abtastzeit auf die erreichbare Geschwindigkeitsverstärkung, die Laststeifigkeit und die Laufruhe wurden für eine Reihe in Frage kommender Regelungsstrukturen untersucht. Die gegenseitigen Beeinflussungen und Abhängigkeiten der einzelnen Größen wurden dargestellt und bewertet.

Unabhängig von der jeweiligen Regelungsstruktur ergibt sich ein sehr enger Zusammenhang zwischen Laststeifigkeit und Quantisierungseinflüssen. Eine nennenswerte Verringerung der Quantisierungseinflüsse ist grundsätzlich nur auf Kosten der Laststeifigkeit möglich. Die erreichbare Geschwindigkeitsverstärkung steigt stets proportional, die Laststeifigkeit quadratisch mit der Abtastfrequenz an. Die durch die Meßsystemquantisierung hervorgerufene Verlustleistung nimmt sogar in der vierten Potenz mit der Abtastfrequenz zu. Bereits kleine Rechentotzeiten führen inbesondere bei Reglern 2. Ordnung zu einer erheblichen Reduzierung der erreichbaren Regelgüte.

Für Einsatzfälle, bei denen eine möglichst hohe dynamische Laststeifigkeit und Geschwindigkeitsverstärkung gefordert ist, liefert ein Zustandsregler 3. Ordnung - der vorangegangene Wert der Stellgröße wird als 3. Zustandsgröße verwendet - die besten Ergebnisse. Der klassische P/P-Kaskadenregler - er ist identisch mit dem Zustandsregler 2. Ordnung - liefert bei gleicher Abtast- und Rechentotzeit etwa die halbe Geschwindigkeitsverstärkung, die halbe Laststeifigkeit und ein 16tel der durch die Meßsystemquantisierung hervorgerufene Verlustleistung. Neben den deutlich geringeren Quantisierungseinflüssen hat dieser Regler den für die Praxis wichtigen Vorteil, daß er sehr einfach nach allgemein bekannten Einstellregeln in Betrieb genommen und optimiert werden kann.

Die Verwendung von Vorsteuerverfahren ermöglicht eine erhebliche Reduzierung des Schleppfehlers. Mit Hilfe eines neuartigen Verfahrens, der modifizierten inversen Übertragungsfunktion, kann das Problem der Inversinstabilität zeitdiskreter Übertragungsfunktionen umgangen werden. Bei Systemen ohne Parameterschwankungen eliminiert dieses Verfahren den Regelfehler praktisch vollständig. Unter Berücksichtigung von Parameterschwankungen nimmt die Regelabweichung jedoch deutlich zu. In diesem Fall kann mit einem nichtkausalen Transversalfilter etwa die gleiche Regelabweichung erzielt werden. Neben dem geringeren Realisierungsaufwand hat das Transversalfilter den großen Vorteil, daß es auch empirisch sehr einfach parametrierbar ist.

Bei Bahnsteuerung ermöglicht die Vorsteuerung trotz der erheblichen Reduzierung des Schleppfehlers keine nennenswerte Verbesserung des Bahnverhaltens. Ein sehr gutes Verhalten wird jedoch bei zwangsgekoppelten oder bahngeregelten Achsen erreicht.

Zur Realisierung sehr kleiner Abtast- und Rechentotzeiten wurde ein vollständig in Hochsprache programmierbares Signalprozessorsystem zur hochdynamischen Regelung von Direktantrieben aufgebaut.

Zur direkten Erzeugung von Linearbewegungen wurden Linear-Asynchronantriebe entwickelt und erprobt. Hierzu wurde die von rotatorischen Motoren bekannte feldorientierte Regelung auf Linear-Asynchronmotoren übertragen und diese somit für Servoanwendungen nutzbar gemacht. Auf Basis dieser und weiterer Komponenten wurden Versuchsaufbauten entworfen und aufgebaut. Anhand dieser Antriebssysteme wurde die Richtigkeit der theoretischen Untersuchungen praktisch nachgewiesen.

Damit wurden Grundlagen geschaffen, elektrische Direktantriebe, deren dynamische Eigenschaften die von herkömmlichen elektromechanischen Antrieben bei weitem übertreffen, in Fertigungseinrichtungen einzusetzen.

Um die Einsatzbereiche zu erweitern und die Eigenschaften von mit Direktantrieben ausgerüsteten Fertigungseinrichtungen weiter zu verbessern, sind in Zukunft folgende Untersuchungs- und Entwicklungsarbeiten sinnvoll:

- Abschätzung und Minimierung von Wärmeeinflüssen.
- Maschinenkinematiken und -konstruktionen, die die Eigenschaften von Direktantrieben optimal nutzen.
- Robuste Meßsysteme für hohe Verfahrgeschwindigkeiten und höchste Auflösungen.
- Reibungsarme und kostengünstige Linearführungen.
- Reibungs- und massearme Schutzvorrichtungen gegen Späne für hohe Verfahrgeschwindigkeiten.

Schrifttum

/1/ Hagl, R.; Philipp, W.: Bauelemente für den Werkzeugmaschinenantrieb. wt Werkstattstechnik 78 (1988), H. 1, S. 62 - 63.

/2/ Philipp, W.; Rudloff, H.: Elemente der elektrischen, hydraulischen und pneumatischen Antriebstechnik. wt Werkstattstechnik 77 (1987), H. 7, S. 389 - 391.

/3/ Philipp, W.: Antriebstechnik - Berichte über die Hannovermesse Industrie'89. wt Werkstattstechnik 79 (1989), H. 7, S. 392 - 394.

/4/ Boehringer, A.: Einstellung von Schaltzuständen in Stellgliedern der Leistungselektronik durch den unmittelbar gewünschten Effekt. etz Archiv, Bd. 11 (1989), H. 12, S. 381 - 388.

/5/ Pritschow, G.; Philipp, W.: Elektrische Direktantriebe für Industrieroboter. In: Fortschritte der Fertigung auf Werkzeugmaschinen. Bd. 9, S. 185 - 199. München, Wien: Hanser-Verlag, 1989.

/6/ Schneider, M.: Schlitteneinheit und Führungen für Hochgeschwindigkeitsfräsmaschinen. 4. Darmstädter Fertigungstechnisches Symposium, Darmstaddt 1989.

/7/ Semrau, H.: Erfahrungen mit einer hochgenauen Laserschneidmaschine. Industrie-Anzeiger (1986) H. 36.

/8/ Pritschow, G.; Fritz, H.; Philipp, W.; Scholich, W.: Hochdynamische Steuerungs- und Antriebseinheit zur flexiblen Unrundbearbeitung. wt Werkstattstechnik 82 (1992) H. 1.

/9/ Pritschow, G.; Philipp, W.: Servo-Direktantriebe für Fertigungseinrichtungen. wt Werkstattstechnik 79 (1989), H. 11, S. 643 - 646.

/10/ Asada, H.; Youcef-Toumi, K.: Direct Drive Robots. Cambridge, London: The MIT Press, 1987.

/11/ N.N. Anoride - Precision Positioning Tables. Firmenschrift Fa. Anorad, Hauppauge, New York, USA 1988.

/12/ Carlisle, B. H.: Simplifying Gantry Control with Linear Motors. Maschine Design (1988) H. 8.

/13/ Budig, P.-A.: Drehstromlinearmotoren. Heidelberg: Dr. Alfred Hüthig Verlag, 1983.

/14/ Nasur, S.A.; Bolden, I.: Linear Motion Electric Machines. New York, London, Sidney, Toronto: John Wiley & Sons, 1980.

/15/ Pritschow, G.; Schnurr, B.: Elektrodynamisches Antriebssystem für hochgenaue, kurzhubige Zustellbewegungen mit extrem hohem Beschleunigungsvermögen. wt Werkstattstechnik 81 (1991) H. 4, S. 234 - 238.

/16/ Vogt, G.: Digitale Regelung von Asynchronmotoren für numerisch gesteuerte Fertigungseinrichtungen. Berlin, Heidelberg, New York: Springer-Verlag 1985.

/17/ Hammann, G.; Renz, B.: Roboter zur Laserbearbeitung. Im Seminar: Aktuelle Entwicklungen in der Robotersystemtechnik. FISW GmbH, Mai 1991.

/18/ Pritschow, G.; Philipp, W.: Elektrische Direktantriebe für Robotergrundachsen. Robotersysteme 6 (1990) H. 2, S. 89 - 98.

/19/ Philipp, W. Direktantriebsroboter. Im Seminar: Entwicklungstendenzen bei Direktantrieben. FISW GmbH, April 1991.

/20/ Pritschow, G.; Philipp, W.: Direct Drives for high dynamic machine tool axes. Annals of CIRP, Vol 39 /1/1990, pp. 413 - 416.

/21/ Boehringer, A.; Stute, G.; Ruppmann, C.; Vogt, G.; Würslin, R.: Entwicklung eines drehzahlgesteuerten Asynchronmaschinenantriebs für Werkzeugmaschinen. wt Werkstattstechnik 69 (1979) H. 9, S. 463 - 467.

/22/ Harig, K.: Quantisierung im Lageregelkreis numerisch gesteuerter Fertigungseinrichtungen.
Berlin, Heidelberg, New York:
Springer-Verlag 1984.

/23/ Ackermann, J.: Abtastregelung.
Berlin, Heidelberg, New York, London, Paris, Tokyo: Springer-Verlag 1988,
3. Auflage, S. 435 - 442.

/24/ Pritschow, G.; Philipp, W.: Hochdynamische digitale Regelung von elektrischen Direktantrieben an Fertigungseinrichtungen.
wt Werkstattstechnik 81 (1991) Nr. 4,
S. 234 - 238.

/25/ Franke, D.: Entwurf robuster Regelungssysteme mittels zustandsabhängiger Strukturänderung.
Regelungstechnik 29 (1981) H. 4,
S. 119 - 125.

/26/ Breinl, W.: Entwurf eines parameterunempfindlichen Reglers am Beispiel der Magnetschwebebahn.
Regelungstechnik 28 (1980) H. 3,
S. 87 - 92.

/27/ Heger, F.: Entwurf robuster Regelungen anhand des dynamischen Regelfaktors.
2. Workshop "Robuste Regelungen",
Interlaken, 1981.

/28/ Ackermann, J.: Abtastregelung.
Band II: Entwurf robuster Systeme.
Berlin, Heidelberg, New York:
Springer-Verlag 1983.

/29/ Swoboda, W.: Digitale Lageregelung für Maschinen mit schwach gedämpften schwingungsfähigen Bewegungsachsen. ISW-Bericht 66. Berlin, Heidelberg, New York: Springer Verlag 1987.

/30/ Bretschneider, J.: Erstellen eines Rechnerprogramms zur robusten Reglerauslegung nach dem Parameterraumverfahren. 2. Semesterarbeit am ISW Stuttgart, 1990.

/31/ Isermann, R.: Digitale Regelungssysteme. Band II. Berlin, Heidelberg, New York, London, Paris, Tokyo, Hongkong: Springer-Verlag 1985.

/32/ Hesselbach, J.: Digitale Lageregelung an numerisch gesteuerten Fertigungseinrichtungen. ISW-Bericht 34. Berlin, Heidelberg, New York: Springer-Verlag 1981.

/33/ Stute, G.: Regelung an Werkzeugmaschinen. München, Wien: Hanser Verlag 1981.

/34/ Fahrbach, Ch.; Philipp, W.; Scholich, W.: Vergleich von Verfahren zur Schleppabstandsreduzierung momentengesteuerter, mechanisch steifer Bewegungsachsen. wt Werkstattstechnik 81 (1991) H. 10, S. 592 - 596.

/35/ Kruk, R. J.; Scannel, J.: High Performance Digital Motion controller. Proc. MOTOR-CON, June 1988, Vol. 12, Munich, pp. 183 - 196.

/36/ Pritschow, G.; Rudloff, H.: Verminderung von Bahnabweichungen bei Nachfolgeregelungen am Beispiel einer Nockenwellenschleifmaschine. wt Werkstattstechnik 77 (1987) H. 8, S. 431 - 434.

/37/ Rojek, P.: Bahnführung eines Industrieroboters mit Multiprozessorsystem. Dissertation, TU Braunschweig, 1987.

/38/ Pritschow, G.: Methoden zur Reduzierung von Bahnverzerrungen bei NC-Maschinen. 5. Feinbearbeitungs-Kolloquium, Braunschweig 1987.

/39/ Tomizuka, M.: Zero Phase Error Tracking Algorithm for Digital Control. Journal of Dynamic Systems, Measurement an Control, Vol. 109/65-68, March 1987.

/40/ Weck, M.; Ye, G.: Sharp corner tracking using the IKF control strategy. Annals of CIRP, Vol. 39/1/1990, pp. 437 - 441.

/41/ Pritschow, G.; Götz, F.-R.; Philipp, W.: Linear-Asynchronmotor für hochdynamische Linearbewegungen. wt Werkstattstechnik 79 (1989) H. 11, S. 647 - 650.

/42/ Philipp, W.; Scholich, W.: Komplexer und genauer -Signalprozessorsystem zur Regelung hochdynamischer Antriebe. Technische Rundschau (1991) H. 2, S. 40 - 44.

/43/ N.N. Pumasyn Drehstromregelantriebe. Arnold Müller Kirchheim (AMK) 1987.

/44/ Philipp, W.; Scholich, W.: Fließkomma-Signalprozessor-System für komplexe Regelungen. Elektronik Entwicklung (1990) H. 7-8, S. 29 - 33.

/45/ N.N. Third Generation TMS 320 User's Guide. Texas Instruments 1989.

/46/ N.N. LM-System Linearführungen. Katalog Nr. 75-1AG, THK Co, LTD. Tokyo, Japan 1987.

/47/ Pritschow, G. u.a.: Lageregelung an numerisch gesteuerten Maschinen. Umdruck zum Seminar, FISW GmbH, September 1987.

Anhang

Modell eines elektrischen Direktantriebs

Im folgenden wird das detaillierte Modell eines Direktantriebs nach Bild 3.1 näher beschrieben.

Abtast-/Halteglied

Bei digitalen Regelungen wird in der Regel der Abtaster und das Halteglied der Regelung zugeschlagen /23/. Im vorliegenden Fall wird die durch die Abarbeitung des Regelalgorithmus im Regelungsrechner entstehende Rechentotzeit T_R ebenfalls der Regelstrecke zugeordnet. Das Stellsignal wird jeweils zum Zeitpunkt $kT + T_R$ an das Halteglied ausgegeben.

Stellglied und Stromregler

Zur Ansteuerung von Servomotoren werden heute fast ausschließlich getaktete Transistorverstärker (Pulsumrichter) eingesetzt (Bilder A.1 und A.2).

Bei getakteten Transistorverstärkern beschränken sich die Steuermöglichkeiten darauf, daß die Anschlüsse des Verbrauchers wahlweise auf das konstante Potential der positiven oder negativen Schiene des Gleichspannungszwischenkreises gebracht werden können.

In Bild A.3 ist eine einphasige Ersatzschaltung skizziert, bei welcher der Freiheitsgrad in der Stellung des mechanischen Schalters zum Ausdruck kommt. Befindet sich dieser in Stellung a, so liegt an den beispielhaft als Reihenschaltung eines ohmschen Widerstandes und einer Drossel dargestellten Verbrauchers die Spannung bei $U_v = +U_z/2$ und der Strom i nimmt stetig zu. Umgekehrt nimmt der Strom stetig ab, wenn sich der Schalter in Stellung b befindet und die Verbraucherspannung infolgedessen den Wert $U_v = -U_z/2$ aufweist.

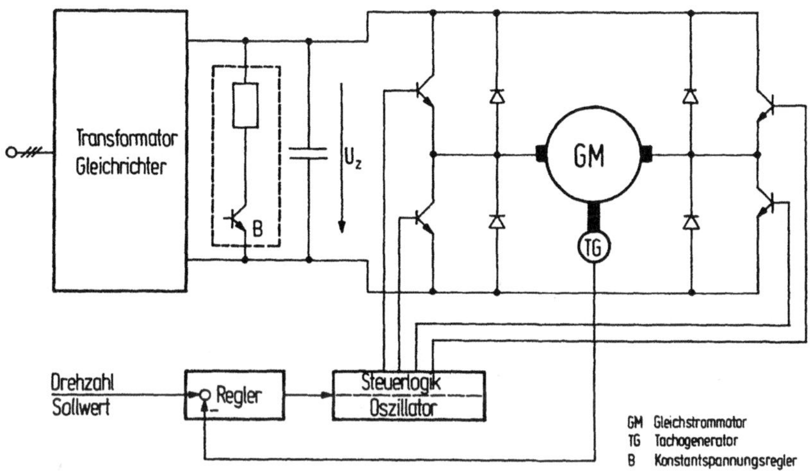

Bild A.1: Gleichstromantrieb mit getaktetem Transistorverstärker

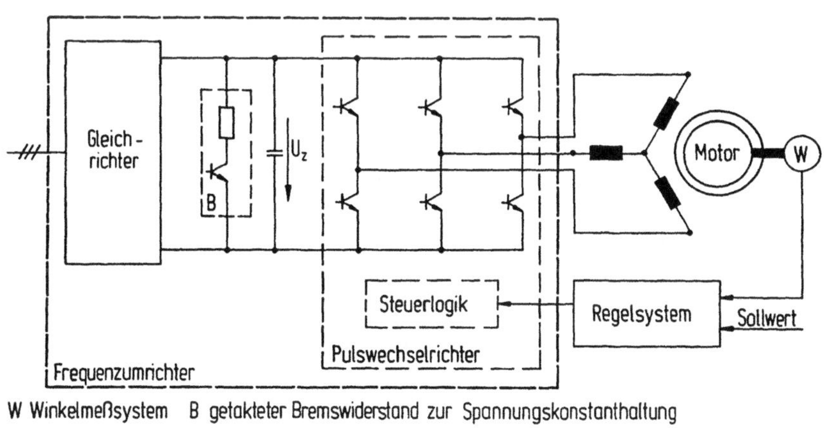

Bild A.2: Drehstromantrieb mit Pulsumrichter

Der zeitliche Mittelwert der Ausgangsspannung bzw. des Ausgangsstroms wird über das Verhältnis der Zeit, in der sich der Schalter in Stellung a und b befindet, eingestellt.

In Bild A.3 ist die prinzipielle Wirkungsweise eines Zwei-Punkt-Stromreglers mit zeitdiskreter Schaltzustandsänderung skizziert /4, 21, 43/. Je nachdem ob die Regeldifferenz $i_{soll} - i_{ist}$ positiv oder negativ ist, wird der Schalter S beim nächsten Takt in die Stellung a oder b gebracht. Der Stromistwert schwankt ständig um den Sollwert. Die Schwankungsbreite nimmt mit steigender Taktfrequenz ab.

Übliche Taktfrequenzen liegen im Bereich von 50 - 100 kHz. Der Mittelwert des Stroms folgt um eine halbe Taktperiode verzögert dem Sollwert. Die Taktperiode ist um den Faktor 10...100 kleiner als die des Lagereglers. Die Verzögerung des Stromreglers kann somit vernachlässigt bzw. der Rechentotzeit T_R zugerechnet werden /20/. Die Stromwelligkeit führt zu einer

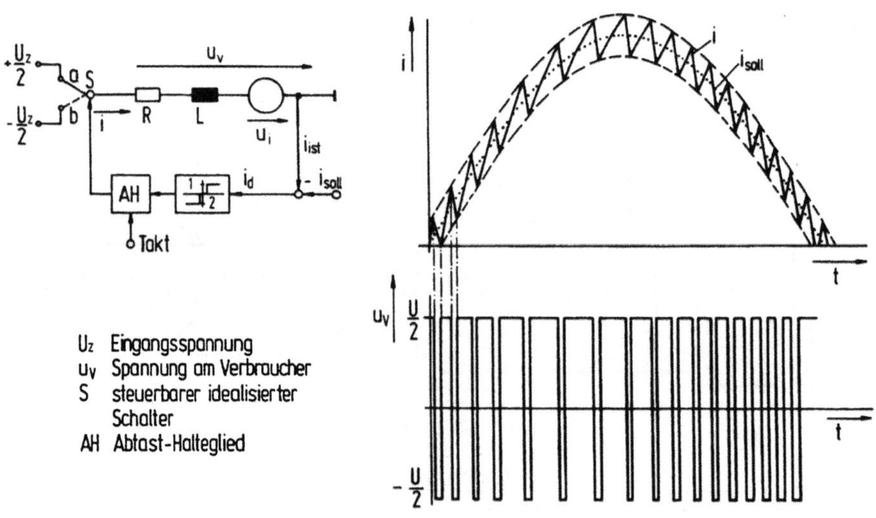

Bild A.3: Zur Erläuterung der Funktion eines Pulswechselrichters

Schwankung des Motormoments. Ihr Einfluß ist im Vergleich zu der durch die Nutung verursachten Momentenwelligkeit vernachlässigbar /21/.

Um die Leistungshalbleiter zu schützen, wird der Strom im Stellglied auf einen Maximalwert begrenzt. Durch die endliche Zwischenkreisspannung und Motorinduktivität ist die mögliche Stromanstiegsgeschwindigkeit begrenzt. Die im gesamten Arbeitsbereich sicher erreichbare Stromanstiegsgeschwindigkeit ergibt sich zu

$$\left.\frac{di}{dt}\right|_{max} = \frac{U_z - I_{max} R - U_{i,max}}{2 L} \quad . \qquad (A.1)$$

Die Begrenzung der Stromanstiegsgeschwindigkeit kann im Blockschaltbild durch ein Differenzierglied mit anschließendem Begrenzungselement und nachfolgendem Integrierer beschrieben werden.

Wird die maximale Stromanstiegsgeschwindigkeit von der Stellgröße nicht überschritten, hebt sich die Wirkung des Differenzierers und des Integrierers auf.

Motor

Für einen idealen Gleichstrommotor ergibt sich ein direkter Zusammenhang zwischen Ankerstrom und innerem Motordrehmoment /33/.

$$M = K_a I \qquad (A.2)$$

Bei Drehstrommotoren wird durch entsprechende Entkopplungsschaltung /16, 21/ ein entsprechendes Verhalten erreicht.

Bei realen Antrieben ergeben sich zusätzliche Effekte, die diesem idealen Verhalten überlagert sind. Durch die Erwärmung des Motors bzw. durch Symmetriefehler beim Einbau des Rotors kann der Luftspalt und somit die Motorkonstante K_a im Betrieb schwanken. Durch partielle Sättigungseffekte kann es bei hohen Strömen zusätzlich zu einem Rückgang der Motorkonstante kommen /47/.

Die Nutung von Rotor und Stator bewirkt Diskontinuitäten in der Fluß- und Strombelagsverteilung im Luftspalt /13, 47/. Dies führt zu einer Schwankung des Motormoments (Momentenwelligkeit). Die Momentenwelligkeit ist bei permanent erregten Motoren eine Funktion des Drehwinkels und des Motorstroms. Bei Asynchronmotoren kommt als weiterer Einflußfaktor der Motorschlupf hinzu.

Ein weiterer Effekt, der durch den mechanischen Aufbau verursacht wird, sind Rastkräfte /1, 2/.

Die auf die Trägheitsmasse wirkende Kraft F_b ergibt sich aus der Summe der inneren Kraft F_i, der Rastkraft F_{Rast}, der Störkraft $F_s{}^*$ und der Reibkraft F_R.

$$F_b = F_i + F_{Rast} + F_s{}^* - F_R \,. \tag{A.3}$$

Die Motorbeschleunigung a ergibt sich zu

$$a = F/m \,. \tag{A.4}$$

Die Geschwindigkeit und die Position ergeben sich aus den Beziehungen

$$a = a/_{dt} \;;\; x_2 = dx_1 \,/_{dt} \,. \tag{A.5}$$

<u>Reibung</u>

Die Reibkraft F_R setzt sich aus Anteilen trockener, viskoser und stochastisch verteilter Reibung zusammen (vgl. S. 103, /47/).

$$F_R = F_{R,t} + F_{R,v} + F_{R,G} \tag{A.6a}$$

$$F_{R,v} = r_v \, x_2 \tag{A.6b}$$

$$F_{R,t} = F_t \, \mathrm{sign}\,\{x_2\} \tag{A.6c}$$

Meßsystem

Die Motorposition x_1 wird über ein inkrementelles Wegmeßsystem mit der Quantisierung Q_L praktisch verzögerungsfrei erfaßt /22/.

ISW Forschung und Praxis

Berichte aus dem Institut für Steuerungstechnik der Werkzeugmaschinen und Fertigungseinrichtungen der Universität Stuttgart

Herausgegeben bis Band 57 von Prof. Dr.-Ing. G. Stute †
ab Band 58 Prof. Dr.-Ing. G. Pritschow

1 D. Schmid, Numerische Bahnsteuerung, 89 S., 1973

2 H. Schwegler, Fräsbearbeitung gekrümmter Flächen, 111 S., 1972

3 J. Eisinger, Numerisch gesteuerte Mehrachsenfräsmaschinen, 90 S., 1972

4 R. Nann, Rechnersteuerung von Fertigungseinrichtungen, 125 S., 1972

5 G. Augsten, Zweiachsige Nachformeinrichtungen, 140 S., 1972

6 B. Karl, Die Automatisierung der Fertigungsvorbereitung durch NC-Programmierung, 121 S., 1972

7 H. Eitel, NC-Programmiersystem, 117 S., 1973

8 E. Knorr, Numerische Bahnsteuerung zur Erzeugung von Raumkurven auf rotationssymetrischen Körpern, 131 S., 1973

9 S. Bumiller, Viskohydraulischer Vorschubantrieb, 123 S., 1974

10 K. Maier, Grenzregelung an Werkzeugmaschinen, 139 S., 1974

11 J. Waelkens, NC-Programmierung, 159 S., 1974

12 E. Bauer, Rechnerdirektsteuerung von Fertigungseinrichtungen, 138 S., 1975

13 H. König, Entwurf und Strukturtheorie von Steuerungen für Fertigungseinrichtungen, 206 S., 1976

14 H. Damsohn, Fünfachsiges NC-Fräsen, 143 S., 1976

15 H. Jetter, Programmierbare Steuerungen, 141 S., 1976

16 H. Henning, Fünfachsiges NC-Fräsen gekrümmter Flächen, 179 S., 1976

17 K. Boelke, Analyse und Beurteilung von Lagesteuerungen für numerisch gesteuerte Werkzeugmaschinen, 106 S., 1977

18 F.-R. Götz, Regelsystem mit Modellrückkopplung für variable Streckenverstärkung, 116 S., 1977

19 H. Tränkle, Auswirkungen der Fehler in den Positionen der Maschinenachsen beim fünfachsigen Fräsen, 103 S., 1977

20 P. Stof, Untersuchungen über die Reduzierung dynamischer Bahnabweichungen bei numerisch gesteuerten Werkzeugmaschinen, 118 S., 1978

21 R. Wilhelm, Planung und Auslegung des Materialflusses flexibler Fertigungssysteme, 158 S., 1978

22 N. Kappen, Entwicklung und Einsatz einer direkten digitalen Grenzregelung für eine Fräsmaschine mit CNC, 123 S., 1979

23 H. G. Klug, Integration automatisierter technischer Betriebsbereiche, 124 S., 1978

24 D. Binder, Interpolation in numerischen Bahnsteuerungen, 132 S., 1979

25 O. Klingler, Steuerung spanender Werkzeugmaschinen mit Hilfe von Grenzregeleinrichtungen (ACC), 124 S., 1979

26 L. Schenke, Auslegung einer technologisch-geometrischen Grenzregelung für die Fräsbearbeitung, 113 S., 1979

27 H. Wörn, Numerische Steuersysteme-Aufbau und Schnittstellen eines Mehrprozessorsteuersystems, 141 S., 1979

28 P. B. Osofisan, Verbesserung des Datenflusses beim fünfachsigen NC-Fräsen, 104 S., 1979

29 J. Berner, Verknüpfung fertigungstechnischer NC-Programmiersysteme, 101 S., 1979

30 K.-H. Böbel, Rechnerunterstützte Auslegung von Vorschubantrieben, 113 S., 1979

31 W. Dreher, NC-gerechte Beschreibung von Werkstücken in fertigungstechnisch orientierten Programmiersystemen, 105 S., 1980

32 R. Schurr, Rechnerunterstützte Projektsteuerung hydrostatischer Anlagen, 115 S., 1981

33 W. Sielaff, Fünfachsiges NC-Umfangfräsen verwundener Regelflächen. Beitrag zur Technologie und Teileprogrammierung, 97 S., 1981

34 J. Hesselbach, Digitale Lageregelung an numerisch gesteuerten Fertigungseinrichtungen, 111 S., 1981

35 P. Fischer, Rechnerunterstützte Erstellung von Schaltplänen am Beispiel der automatischen Hydraulikplanzeichnung, 111 S., 1981

36 U. Ackermann, Rechnerunterstützte Auswahl elektrischer Antriebe für spanende Werkzeugmaschinen, 118 S., 1981

37 W. Döttling, Flexible Fertigungssysteme – Steuerung und Überwachung des Fertigungsablaufs, 105 S., 1981

38 J. Firnau, Flexible Fertigungssysteme – Entwicklung und Erprobung eines zentralen Steuersystems, 112 S., 1982

39 A. Herrscher, Flexible Fertigungssysteme – Entwurf und Realisierung prozeßnaher Steuerungsfunktionen, 103 S., 1982

40 U. Spieth, Numerische Steuersysteme – Hardwareaufbau und Ablaufsteuerung eines Mehrprozessorsteuersystems, 115 S., 1982

41 A. Schimmele, Rechnerunterstützter Entwurf von Funktionssteuerungen für Fertigungseinrichtungen, 106 S., 1982

42 M. Sanzenbacher, NC-gerechte Beschreibung von Werkstücken mit gekrümmten Flächen, 105 S., 1982

43 W. Walter, Interaktive NC-Programmierung von Werkstücken mit gekrümmten Flächen, 112 S., 1982

44 J. Huan, Bahnregelung zur Bahnerzeugung an numerisch gesteuerten Werkzeugmaschinen, 95 S., 1982

45 H. Erne, Taktile Sensorführung für Handhabungseinrichtungen – Systematik und Auslegung der Steuerungen, 111 S., 1982

46 D. Plasch, Numerische Steuersysteme – Standardisierte Softwareschnittstellen in Mehrprozessor-Steuersystemen, 112 S., 1983

47 Z. L. Wang, NC-Programmierung – Maschinennaher Einsatz von fertigungstechnisch orientierten Programmiersystemen, 103 S., 1983

48 J. Schwager, Diagnose steuerungsexterner Fehler an Fertigungseinrichtungen, 121 S., 1983

49 P. Klemm, Strukturierung von flexiblen Bediensystemen für numerische Steuerungen, 113 S., 1984

50 W. Runge, Simulation des dynamischen Verhaltens elektrohydraulischer Schaltungen – Einsatz von geräteorientierten, universellen Simulationsbausteinen, 132 S., 1984

51 H. Steinhilber, Planung und Realisierung von Werkzeugversorgungssystemen für die NC-Bearbeitung, 126 S., 1984

52 R. Ohnheiser, Integrierte Erstellung numerischer Steuerdaten für flexible Fertigungssysteme, 115 S., 1984

53 M. Keppeler, Führungsgrößenerzeugung für numerisch bahngesteuerte Industrieroboter, 125 S., 1984

54 P. Kohler, Automatisiertes Messen mit NC-Werkzeugmaschinen, 129 S., 1985

55 K.-H. Rieger, Rechnerunterstützte Projektierung der Hardware und Software von Speicherprogrammierten Steuerungen, 123 S., 1985

56 G. Vogt, Digitale Regelung von Asynchronmotoren für numerisch gesteuerte Fertigungseinrichtungen, 126 S., 1985

57 S. Chmielnicki, Flexible Fertigungssysteme – Simulation der Prozesse als Hilfsmittel zur Planung und zum Test von Steuerprogrammen, 120 S., 1985

58 W. Renn, Struktur und Aufbau prozeßnaher Steuergeräte zur Verkettung in flexiblen Fertigungssystemen, 137 S., 1986

59 K. Harig, Quantisierung im Lageregelkreis numerisch gesteuerter Fertigungseinrichtungen, 113 S., 1986

60 H. Frank, Programmier- und Überwachungsfunktionen für teileartbezogene NC-Werkzeugmaschinen, 115 S., 1986

61 H. Möller, Integrierte Überwachungs- und Diagnose-Systeme für numerische Steuerungen, 131 S., 1986

62 H. Fink, Einsatz speicherprogrammierbarer Steuerungen in der Fertigungstechnik, 126 S., 1986

63 J. Fleckenstein, Zustandsgraphen für SPS – Grafikunterstützte Programmierung und steuerungsunabhängige Darstellung, 139 S., 1987

64 E. Wagner, Steuerungen von Koordinatenmeßgeräten mit schaltenden und messenden Tastsystemen, 133 S., 1987

65 W. Grimm, Diagnosesystem für steuerungsperiphere Fehler an Fertigungseinrichtungen, 143 S., 1987

66 W. Swoboda, Digitale Lageregelung für Maschinen mit schwach gedämpften schwingungsfähigen Bewegungsachsen, 141 S., 1987

67 G. Gruhler, Sensorgeführte Programmierung bahngesteuerter Industrieroboter, 119 S., 1987

68 B. Walker, Konfigurierbarer Funktionsblock Geometriedatenverarbeitung für numerische Steuerungen, 125 S., 1987

69 J. Mayer, Werkzeugorganisation für flexible Fertigungszellen und -systeme, 126 S., 1988

70 R. Lederer, Programmierung von NC-Drehmaschinen mit mehreren Werkzeugschlitten, 120 S., 1988

71 G. Häberle, NC-Musterprogrammierung für die rechnerintegrierte Textilfertigung, 127 S., 1988

72 D. Pfeiffer, Kompensation thermisch bedingter Bearbeitungsfehler durch prozeßnahe Qualitätsregelung, 135 S., 1988

73 W. Schmidt, Grafikunterstütztes Simulationssystem für komplexe Bearbeitungsvorgänge in numerischen Steuerungen, 141 S., 1988

74 M. Egner, Hochdynamische Lageregelung mit elektrohydraulischen Antrieben, 147 S., 1988

75 W. Schittenhelm, Konfigurierbares Bedienungssystem für Steuerungen an Fertigungseinrichtungen, 136 S., 1988

76 D. Scheifele, Grafisch dynamische Simulation des Bearbeitungsvorgangs für Doppelschlittendrehmaschinen, 121 S., 1988

77 G. Keuper, Automatisierte Identifikation der Streckenparameter servohydraulischer Vorschubantriebe, 152 S., 1989

78 K.-H. Kayser, Kollisionserkennung in numerischen Steuerungen mit der Distanzfeldmethode, 131 S., 1989

79 R. Viefhaus, Fräsergeometriekorrektur in Numerischen Steuerungen, 157 S., 1989

80 J. Zirbs, Fertigungsgerechte Aufbereitung von Flächenverbänden bei der NC-Programmierung im Formenbau, 130 S., 1989

81 W. Ruoff, Optische Sensorsysteme zur On-line-Führung von Industrierobotern, 123 S., 1989

82 M. Jantzer, Bahnverhalten und Regelung fahrerloser Transportsysteme ohne Spurbindung, 131 S., 1990

83 H. Schumacher, Einheitliche Programmierung von Automatisierungskomponenten roboterbestückter Bearbeitungs- und Montagezellen, 116 S., 1991

84 J. Schimonyi, NC-Programmierung für das Werkzeugschleifen, 122 S., 1991

85 K.-H. Wurst, Flexible Robotersysteme – Konzeption und Realisierung modularer Roboterkomponenten, 164 S., 1991

86 R. Hagl, Erhöhung der Verfügbarkeit von Vorschubantrieben mit selbstanpassender Lageregelung, 126 S., 1991

87 G. Krebser, Betriebssystem für NC mit einheitlichen Schnittstellen, 130 S., 1992

88 W.-T. Lei, Flächenorientierte Steuerdatenaufbereitung für das fünfachsige Fräsen, 134 S., 1992

89 G. Diehl, Steuerungsperipheres Diagnosesystem für Fertigungseinrichtungen auf Basis überwachungsgerechter Komponenten, 140 S., 1992

90 U. Nepustil, Offene NC-Schnittstellen zur Korrektur von Fertigungsfehlern, 133 S., 1992

91 M. Bauder, Konfigurierbare Robotersteuerung mit allgemeiner Transformation, 120 S., 1992

92 W. Philipp, Regelung mechanisch steifer Direktantriebe für Werkzeugmaschinen, 118 S., 1992

Die Bände ISW 1 bis ISW 76 sind vergriffen.

Die Bände sind im Erscheinungsjahr und in den folgenden drei Kalenderjahren zu beziehen durch den örtlichen Buchhandel oder durch Lange & Springer, Otto-Suhr-Allee 26-28, 1000 Berlin 10.

GPSR Compliance

The European Union's (EU) General Product Safety Regulation (GPSR) is a set of rules that requires consumer products to be safe and our obligations to ensure this.

If you have any concerns about our products, you can contact us on ProductSafety@springernature.com

In case Publisher is established outside the EU, the EU authorized representative is:

Springer Nature Customer Service Center GmbH
Europaplatz 3
69115 Heidelberg, Germany

Batch number: 10682323

Printed by Printforce, the Netherlands